U0614574

写给像我一样出身平凡，
却又渴望改变命运的年轻人

前途无量

写给年轻人的成长精进指南

郭拽拽◎著

电子工业出版社·

Publishing House of Electronics Industry

北京·BEIJING

未经许可，不得以任何方式复制或抄袭本书之部分或全部内容。
版权所有，侵权必究。

图书在版编目（CIP）数据

前途无量：写给年轻人的成长精进指南 / 郭拽拽著 . —北京：电子工业出版社，2024.1
ISBN 978-7-121-46389-1

Ⅰ . ①前… Ⅱ . ①郭… Ⅲ . ①成功心理 – 通俗读物 Ⅳ . ① B848.4-49

中国国家版本馆 CIP 数据核字（2023）第 184396 号

责任编辑：滕亚帆
印　　刷：三河市良远印务有限公司
装　　订：三河市良远印务有限公司
出版发行：电子工业出版社
　　　　　北京市海淀区万寿路 173 信箱　　　　邮编：100036
开　　本：880×1230　　1/32　　印张：10.125　　字数：240 千字
版　　次：2024 年 1 月第 1 版
印　　次：2024 年 1 月第 4 次印刷
定　　价：69.00 元

凡所购买电子工业出版社图书有缺损问题，请向购买书店调换。若书店售缺，
请与本社发行部联系，联系及邮购电话：（010）88254888，88258888。
质量投诉请发邮件至 zlts@phei.com.cn，盗版侵权举报请发邮件至 dbqq@phei.com.cn。
本书咨询联系方式：faq@phei.com.cn。

看完本书

前途无量

逆 袭 心 法

1 财富，是抄来的，穷，也是抄来的。一个人赚不到钱，或许你模仿的人本身就不对。

2 不是朋友多了路好走，而是路走好了朋友多。

3 要找到自己身上的核心价值和不可替代性。

4 大众获取信息的需求是永恒不变的，对于普通个体来说，所有的互联网红利，都会向善于表达的人倾斜。

5 永远不要骄傲自满，不管现在的你有多优秀，时代的进程中一定有淘汰你的方式，所以自我革新至关重要，我们一生都是学生。

6 在互联网时代，影响力就是你立足的筹码，就是你撬动资源和财富的支点。要成为生产者，而不是情绪消费者。

二十一条

7 普通人改变命运的秘密，无非是终生学习、持续成长、保持耐心、有超强的执行力，并且付出不亚于任何人的努力。

8 焦虑是一个无解的问题，如何过好一生更没有标准答案。

9 永远看别人身上的优点并学习，带着成见和情绪看人，永远都是愚蠢的行为。

10 喜欢做一件事，是一项刻意练习出来的能力。

11 不管是组织还是个体，如果一直沿用过去的经验，而不去尝试新的方向和寻找新的可能性，那么早晚会被时代所抛弃。

12 对于普通个体来说，最应该掌握的生产资料就是流量，它能让你实现独立赚钱的可能。

逆 袭 心 法

13 把钱当成工具和杠杆，每年至少拿出收入的百分之二十投资自己，去撬动更多的可能性，虽然这是一个概率性事件。

14 阅读和自学是一个人最重要的"元技能"，当你越迷茫、越不知道干什么的时候，就越应该储备知识，我们永远都要有积极的人生态度。

15 我们生来就是孤独的，无话可说和形同陌路，是符合人际关系发展规律的，成年人的成长，从失去老朋友开始。

16 大部分红利项目的第一批受益者，一定在类似项目上做了很久。如果在周边领域没有积累，则很难成为第一波红利的享用者。

二十一条

17 互联网上的"烟雾弹"信息太多，99% 的内容都是与我们无关的"垃圾"，永远关注与自己成长有关的事情。

18 凡事从自己身上找原因，弱者易怒如虎，强者平静如水，情绪就像心魔，你不控制它，它便吞噬你。

19 永远先问自己能给别人带来什么价值，而不是别人能给自己带来什么价值。

20 赚到钱之后，应该尽可能地找到一些曾经的"自己们"，在他们身上下注，不求回报地下注。

21 永远要知恩图报，给帮助过自己的人写信、打电话或者按时送礼物。我们得到的机会、资源、人脉，并不是凭空出现的。

推荐语

RECOMMNED

　　这本书里全都是难听、直接且尖锐的话，如果你没有经历过社会的"毒打"，你只会觉得作者在骂你、嘲讽你、看不起你。

　　但假如你真的经历过社会的"毒打"，你就能感受到这本书带来的"温柔"，因为比起由于认知差、信息差以及一些无聊的面子束缚而错过很多机会，回首自己过去满是血泪的十年，这本书的内容简直是"挠痒痒"。

　　但幸运的是，这本书现在出现在了你面前。重复一遍，书里全都是难听、直接且尖锐的话，但挺有用的。

——半佛仙人　全网千万粉丝博主

认识郭老师多年，认识他的公众号更早，但是从这本书里，我重新认识了我自己。跟老郭一样，我们都是普普通通小镇青年，考了个大学，终于见了世面。

不同的是，性格保守的我，按部就班打工 11 年后，才鼓起勇气创业，老郭比我爱折腾、能折腾。相同的是，我们都抓住了移动互联网时代的小小红利，证明了自己真的是"怀才"，只是长久"不遇"。

我们这样的人其实有很多，但是有念力把经历和认知集结成册，分享给与我们同样出身的伙伴的人，很少。而能满怀诚意输出的人，更少。愿这本书，为你点燃一簇火苗。

——商业小纸条

创业者、抖音 1600 万粉丝大 V

郭拽拽是"生财有术"社群多年的老圈友，也是我的好朋友，作为"生财有术"社群的群主，也作为拽拽的朋友，我非常荣幸向大家推荐这本书。这是一本关于如何实现个人价值的指南，更是一部激励人心的逆袭宝典。郭拽拽聊到了机会把握、决策、杠杆等商业成功的关键因素，同时也深入探讨了阶层跃升的可能性和方法。

读过这本书，你会看到无论生活在何处，只要有坚定的决心、持续的努力、清晰的方向，我们都有可能改变自己的命运。让我们一起学习这本书，激发内在潜力，创造我们自己的人生传奇。

——亦仁　互联网知名社群"生财有术"创始人

很多人会认为，好好读书，好好考试，赚钱自然水到渠成。但实际上，赚钱是一种需要单独学习和培养的能力，与我们传统教育的交集并不多。近几年我有一个总结，很多很厉害的连续创业者、成功的逆袭者，无论是我的同龄人，还是非常年轻的"95后"，甚至刚刚崭露头角的"00后"，无论是名校学历，还是很普通的"草根"背景，他们很多人都是在读书的时候就尝试各种赚钱的可能。

但我也发现我有很多读者，或者说人群中的大部分人，在陷入职场危机，人到中年举步维艰的时候才想起来到处求教如何脱困，如何寻找新的收入曲线。

初识郭拽拽的时候觉得他的文章很有料，还以为是个老江湖，没想到真人如此年轻。他是单枪匹马，在没有显赫背景的情况下脱颖而出的典范，这本书的主要案例恰恰介绍的是他人生几个关键决策的行为动机和决策逻辑，从某种意义而言，也是对一种赚钱认知模型的阐述。如果你是希望尽早建立赚钱认知，寻求思维脱困的年轻人，相信这本书会对你有所助益。

——caoz 曹政　《你凭什么做好互联网》作者

郭拽拽拿自己的十年逆袭之路"开刀"，剖析了当下作为一个普通人、一个无名之辈如何才能突出重围。这是一部回望过去的自传，想要找到红利、抓住机会的朋友，不妨读读这样的书，作为自己的行动参考。

——范卫锋

高樟资本创始人、"老范聊创业"小宇宙节目主理人

时间一刻不停地往前走，在这个过程中，有些人只是在变老，但有些人会成长。那些推动我们发展变化的，往往是我们自以为已经了解但容易忽视的常识。本书讲的就是这样的常识，希望拿起这本书的人不要忽视。

——吴鲁加　知识星球 App 创始人

我身边的内容人里，郭拽拽绝不是体量最大的，但他却是变现能力首屈一指的。在他的朋友圈，我总能学到很多"野路子"的商业经验和思维，而且是很多大佬秘而不传的那种，就凭这一点，这本《前途无量》就值得作为一本案头书反复翻阅。

——梓泉

公众号"小声比比"创始人、百万粉丝大 V、篇篇文章 10 万 +

阶层跃迁的逆袭之路其实从未关闭过，普通人永远都有机会，只不过机会从来不会垂青那些按部就班、惯性经营人生的人，需要你主动突破。而这件事是有方法论的，最好的方法就是研究一个个真实逆袭案例，并从中找到适合你的逆袭之路。

郭拽拽是我认识的成长速度最快的年轻人之一，他的逆袭经历、经验、认知、方法绝对值得你花时间研究和学习。

——粥左罗

10 万册畅销书《学会写作 2.0》作者、公众号 110 万粉丝郭拽拽是一位很了不起的作者。起点很低的他，一路不断奋斗，取得了巨大的突破，成为很多人的榜样。他写的这本书，通俗易懂，可操作性极强，值得"极度渴望成功的你"反复阅读。

——剽悍一只猫

个人品牌顾问、《一年顶十年》作者

同样十年时间，有些人可能从普通青年成为平庸的中年，而另一些少数人，却可以从无名之辈成为人群佼佼者，中间差的，就是十倍成长，这是一本带给你人生十倍成长可能的书。

——Spenser　百万粉丝博主

这不是一本理论书，而是一本作者经过实战归纳出来的方法论。在很多人准备选择躺平的时代，如果一个人能有足够的执行力，按图索骥好像更容易能够获得财富自由。

——杨瑾

电影导演、作品《我本是高山》
《有人赞美聪慧，有人则不》《片警宝音》

从小城镇一步步走向大世界，他一直"拽拽"地走在路上。通过这本书走进他最真实的奋斗之路，品悟他的成长方法论，跟随他进入自我成长觉醒之路的另一个新世界。

——陈诗远　自媒体博主

人这一生，终将在追求确定性的路上死去，所谓成长，应该就是一个发现天赋，然后兑现天赋的过程，而拽哥的书，深入浅出，读后让人如梦初醒。

他将成长中有可能遇到的"坑"与加速度方法，向你细细道来，用最迷人的感性，述说着最纯粹的理性。我想，这大抵就是人世间第一等的智慧吧。

——杨涛　十八年创业者

本书最大的精彩之处，就是所有的方法论都是基于郭拽拽在自媒体行业成长的经验总结，内容殷实，读完让人恍然大悟，是一本诚意之作。

——吕白　百万畅销书作家、《从零开始做内容》作者

序言
PREAMBLE

写在前面：
一个无名之辈的 10 年逆袭路

　　成年人在谈到成功的时候，总会不自觉地把它和财富牵扯到一起。而获取财富，更是一个复杂的过程。人们比较认同的一个观点是，人和人的起跑线是不一样的。网络上也曾有句话：寒门再难出贵子。

　　虽然可能在我们还没有出生前，命运已经被决定了一大半，但是我并不觉得这很残酷。我认为有句话说得在理：人家三代人的努力，凭什么输给你 10 年的寒窗苦读。

　　一个人所拥有的资源，如好的教育、成长环境、人脉、事业发展、商业认知等，可能是上一代人甚至几代人积累下来的成果。如果上一代人没有积累，那么下一代人自然享受不到这些资源。这就是为什么巴菲特把自己的成功归结于中了"卵巢彩票"。

那这么说来是不是就意味着"寒门"完全没有机会了呢？显然不是，实际上大多数"豪门"的祖上，曾经也是白手起家。很多成功人士在书中或在演讲中都反复强调成功需要努力。但努力了就能成功吗？我并不这么认为。

在我看来，想要在商业上取得一定的成就，除了具备一定的个人能力、认知水平，以及良好的行为习惯，还要能牢牢把握住机会。有时候，做出正确的决策比没有方向的努力重要百倍；有时候，只要用对杠杆，就可以达到四两拨千斤的效果。

一个人要想彻底摆脱原生家庭所在的阶层，实现阶层跃升，需要想清楚 3 个问题：将来在哪儿生活、与谁同行，以及从事什么职业。这个时代其实藏着很多能让普通人改变命运的机会，让那些生下来就抓了一把"烂牌"的人找到人生突破口。

去除"思想钢印"，阶段性地否定自己，具备和优秀人才一样的认知和思维，学习榜样身上的优秀品质，在我看来这些是一个人保持"向上生长"的关键。所以如果你问我，出身"寒门"的普通人可以改变命运吗？我的回答则是，可以。

下面，我想和你聊一聊关于我的 10 年逆袭路。

18 岁之前

我一直生活在贵州省清镇市一个叫平原哨的村子里，在外界看来，我是大山里的孩子。由于从小家庭条件不好，和身边同学比起来，我天生就自卑、内向，不敢表达。

在学校，课间休息时，同学们一般都会跑出去玩，而我只会坐在座位上看书，不敢和大家一起玩。有的同学调侃我："都下课了，你还在这装模作样。"其实之所以这样做，并不是因为我爱看书，而是我不想融入周围活跃的氛围中，想借用看书这个行为让自己显得不那么尴尬。

那些性格外向的小孩大都喜欢体育课，而我这种性格内向的小孩，偏偏很抗拒体育课。因为上体育课意味着需要互动，意味着能和关系好的同学一起玩耍，但是我不敢互动，也没有关系好的同学。那时候由于自卑和内向，我每次都希望体育课能被其他学科的老师占用，这样我就不需要和别人互动了。

好像穷就是一个人的原罪，穿着不如别人，长相也不如别人，连学习成绩也没有别人好。在原生家庭里，我从来没有得到过鼓励。这些都是导致我从小内向、自卑的因素。不知道正在读这些文字的你，是否也有过这种感受。

但是，我们不可能一无是处。上帝关闭一扇门的同时，一定会为我们开启一扇窗。

虽然不善于表达，但那时候我在写作上显现出了不同于常人的天赋。我在无意中阅读了韩寒的作品，被韩寒当年那种桀骜不驯的性格所吸引，并在初中时模仿韩寒写作，也参加了各种各样的写作比赛。写作是我人生的第一个兴趣，一个表达自我的出口。

当大家都在为高考做最后冲刺的时候，我突然意识到：无论怎么努力，我都不可能在高三这短短的 1 年时间内实现逆袭。所以我在博客上写起了文章，并认识了一些同样热爱写作的网友。那时候还没有自媒体，大家出于兴趣，制作了一本合集。

在那段时间里，受周围环境的影响，我也通过上网自学了乐器，并把弹吉他变成了自己的一项技能。

所谓的一鸣惊人，无不是能量在长期积累之后的爆发。只是那时候我并不知道，这两段经历竟然会成就后来的我。

18 岁至 20 岁

高考结束之后，我第一次坐飞机、第一次出省、第一次看电影、第一次吃肯德基、第一次喝咖啡……第一次离开家乡到 1000 多公里外的湖北上大学。

也许是因为从小家庭条件不好，所以上了大学之后我想努力赚钱养活自己。那时候身边的同学做的都是发传单、当服务员等兼职，而我因一项技能傍身，得以在音乐机构当吉他老师。

有一次，我偶然在图书馆里看到一本书，我非常赞同那本书里说的一句话——普通人永远只会追着钱跑，而富有的人永远都在追着问题跑。

我的时间只能"卖"一次，没有复利效应。大部分人的赚钱模式，都受到了时间和空间的限制，也就是在固定的城市、固定的公司，花一份时间赚一份钱，一旦停下来或离开，就不可能再有收入。所以，我必须跳出原有的赚钱模式，去赚时间和空间之外的钱。

于是我决定在学校附近开一个音乐培训班。首先，我用当了一年吉他老师攒下的钱租了一间下雨天屋顶还会漏雨的屋子，500 元一个月，然后用剩下的几千元采购了一批乐器。这样我的培训班算是正式开张了。在大学创业的过程中，我通过教乐器、卖乐器、演出、开淘宝店等方式，慢慢赚到了人生的第一桶金。

这个阶段，我开始对商业有所理解，开始摆脱对父母的依赖，自己赚学费和生活费。

20 岁至 21 岁

大四上半年，在极度迷茫、不知所措的情况下，我开始跟着身边的同学学习编程，幻想着未来能进入互联网这个高收入行业。

在接受了 4 个月填鸭式的编程培训后，我带着一纸简历来到深圳。一个还没毕业的毛头小子初到大城市，看什么都是新鲜的。当那些过去只出现在电视里的高楼大厦真实地出现在眼前时，我突然觉得自己将来会是一个有未来的年轻人。

但是现实却给了我当头一棒。由于技术不精，加上没有任何职场经验，我所包装的工作经验屡次被面试官识破。我面试了30家互联网公司，都被拒之门外。虽然我成功通过了第31家公司的面试，但因为能力问题，我当时也无法胜任老板安排的工作。

我意识到自己选错了行业：再次开始变得沮丧、迷茫，找不到前进的方向。

21岁至22岁

辞职回到学校之后，我开始重新思考自己毕业之后所要从事的职业。那段时间，我无意中因为同学的一句话了解到了公众号，并且慢慢意识到写文章才是我擅长且喜欢做的事情。于是我开始了在新媒体行业的摸索。

大四下半年，我在学校附近应聘了一家影视公司文案编辑的工作，实习工资是每个月800元。说是做文案编辑，实际上就是当老板们外出拍摄的时候，跟着他们，干一些举话筒、打灯光等杂活，顺便帮公司剪辑一些街头采访视频，并发到公众号上。

那段时间，我白天上班，晚上一个人待在出租屋里写公众号文章，无聊了就弹吉他给自己听。在那段日子里，我暗暗地告诉自己：未来5年自己想从事的行业一定是新媒体，我还是一个门外汉，需要不断积累和沉淀，如果我从现在开始刻意练习，等到毕业的时候，就比别人更有经验和优势。

虽然我埋头写了一年的公众号文章，完成了将近 200 篇原创作品，但只有 300 多个粉丝。可是我一点儿都不觉得沮丧，反而觉得每天都在进步，写作能力比以前提高了。那时候有人质问我：你写的这些文章谁读呢？写这么久，阅读量寥寥无几，有什么用呢？我从编程行业转到新媒体行业，在最初的一年里，我不被认可，不被理解，不被任何人看好。

但我依然告诉自己："人生也许必须有一段黑暗的路需要自己一个人走，如果想有点儿成绩，大部分时间就得靠自己熬，也许现在过得很不如意，也许现在穷困潦倒，被事业所困，但是请一定相信自己，这段煎熬的时光一定可以教会自己很多东西。

"在这期间，你不仅要承受无尽的孤独和寂寞，还要受尽各种委屈，经历各种不被认可、各种失望，你的真心不会有人懂，你的付出也不会有回报。

"但是只要能够靠自己走过这段黑暗的路，你就一定会成为更好的自己。"

22 岁至 23 岁

2017 年，大学毕业之后，我带着之前积累的行业认知，进入一家互联网公司，成了一名新媒体编辑，月薪 6000 元。进入职场的我，没日没夜地写作，力争把每一篇稿子打磨至完美。那时候我想得最多的是，如何实现自己在职场上的不可替代性。

当同事准点下班的时候，我依然在公司写文章，以及学习行业前辈的课程。周末的大部分时间，我要么跑到公司加班，要么参加各种各样的活动，想以此多见世面，让自己快速成长。最终在入职的半年内，我纯靠内容运营让公司的新媒体账号粉丝从 0 增加到了 10 万人。

所有的卓尔不群，都需要慢慢积累，让自己熬出来。有句话说得好：真正的强者，是那些夜晚在被窝里哭泣、白天若无其事去工作的人。

想要取得成绩，你就去做那些"反人性"的事。想要与众不同，你就得克服本能，选择延迟满足，把所有的精力和时间都用到能提升自己、让自己变得更有价值的事情上。

23 岁至 24 岁

我负责的项目小有所成，我的月薪涨到 1.5 万元，同时我也意识到：要想爆发式成长，要想不依赖公司独立赚钱，我就必须积累自己的生产资料，如果没有目标，那么我只能一辈子为实现他人的目标而努力。于是我开始有计划地确定自己的公众号定位，并有计划地布局其内容。

后来，我的公众号靠着内容涨粉 40 余万人，我收到读者打赏的金额累计超过 10 万元，也写过很多篇阅读量破 10 万人次、100 万人次的文章，而且我在 24 岁的时候接受过央视媒体及深圳卫视的采访。

我靠着一篇又一篇高质量的文章，成为一个拥有几十万名读者的自媒体博主。同时，我积攒下了自己的生产资料，具备了独立赚钱的能力和资源。

24 岁至 25 岁

带着积累的资源和对行业的认知，我离职开始创业，组建团队。此后，我做出了百万级粉丝量的公众号矩阵，同时也做出了百万级粉丝量的短视频账号。

在变现产品上，我不光为甲方的广告做策划和推广服务，还组建了几个互联网社群，开发了几门关于如何做自媒体的线上课程，2 年时间付费学员超过 1 万人。

我的文章所传递的思考、价值观、项目实战经验，以及精心打造的课程，影响了越来越多的人，不仅让很多学员得以开眼界和成长，还让他们在实操中真真切切地赚到了钱。我深刻意识到，做自媒体，就是要先为他人创造价值，至于赚钱，只不过是创造价值之后顺其自然的一种反馈。

这一年，我实现了个人年收入破百万元。我从一个自卑又内向的农村小孩，一路升级"打怪"，专注于一个正在增长的赛道，逐渐走上了人生逆袭的快车道。

25 岁至 28 岁

在这个阶段，我更加清晰自己未来 5 年的职业规划，我发现人生其实是可以分为很多个阶段的。

第一个阶段需要自己朝着选定的目标努力且勇敢地拼，要亲力亲为，要开疆扩土。第二个阶段要开始学会识人、选人和用人，要学会组建团队。到了第三个阶段，就要构建一个体系，营造一个游戏环境，吸引一群志趣相投、志同道合的人加入进来；在这个游戏里让大家找到各自生态位，一起玩上瘾，并赚到钱。

我开始一边做自己 IP，一边挖掘和培养新人。截至 2023 年，我积累了全网 100 万名粉丝，开了 3 家自媒体公司，旗下孵化了数位年入百万的自媒体达人，并且每家公司的业务都在快速发展。这一年我实现了个人年收入破千万，多位项目合伙人也跟着我赚到了人生第一桶金。

时间回到十年前，彼时我还只是贵州大山里一个没见过世面、自卑又内向的小孩，没有背景、没有人脉、没有资源，更不是名校毕业，身上没有任何光环。就连大学毕业之后的第一笔创业启动资金还是找别人借的，也没有靠过父母和任何一个亲戚朋友。

但是十年之后，我成为一个能照亮别人，能给别人带来价值和能量的自媒体博主，成为 3 家自媒体公司的创始人，成为越来越多普通人的榜样。2013 年至 2023 年，这十年来，我可以说是经历了脱胎换骨的改变。

很多人认为我这些年成长得很快，过得顺风顺水，全是靠运气。其实不然，所有的运气都需要建立在足够的实力和正确的决策上。

从刚毕业打工那一刻开始，我脑子里的想法就和很多普通职场人不同。改变命运靠的是自己，靠的是灵活的大脑做出的正确决策，以及超强的自我驱动力。我清楚地知道自己想要什么，怎么样才能得到，以及积累什么资源才能实现目标。

作为一个从贵州大山里走出来、花 10 年时间完成人生逆袭的普通人，我早已形成一套自己的人生逆袭模式。我把这套人生逆袭模式总结成这本书，希望能帮助那些和我一样出身平凡却不甘于平凡的普通人。我认为书中的经验和思考值得所有渴望成长的普通人参考。

当然，需要强调的一点是，我所写的这些经验和思考或许对于你来说都是错的。

任何人的成功都无法复制，他人的经验和思考也仅有借鉴意义。每个人因为身处不同的环境，拥有不同的擅长点、不同的能力和认知，所以会有自己解决问题的方法，没有永远正确的教条。

在大多数情况下，很多经验和思考一旦被总结成册，或者被公开表达，就会变成一个个教条。但对于信息接收者来说，把这类内容当成教条本身就是不对的。

大家一定不要把这本书里的内容当作教条，更不要把任何人的经验和思考当作教条，只需要选择性、批判性地吸收即可。

这本书的内容，是我 10 年逆袭的经验和思考，里面只要有一句话对你有所启发，且你能理解透彻，就是我写这本书最大的意义。

祝你阅读愉快。

郭拽拽

2023 年 7 月 7 日晚 8 点 08 分

于中国深圳

扫码回复：自媒体

领取《年入百万，自媒体 IP 赚钱秘籍》PDF 文件

目
CONTENTS
录

3 PART THREE

筛选信息，思维觉醒 115

4 PART FOUR

提升效率，知行合一 157

第1章

认知复利，表达优势

你为什么赚不到钱

你不知道的赚钱真相

抓住表达红利，是普通人致富的核心密码

如何通过优势赢下第一局

如何提升你的赚钱能力

你为什么赚不到钱

世俗意义上的成功是一个非常复杂的概念。我们接受了这么多年的教育，去过不同的地方，也见过不同的人，购买了很多课程，也进入了很多付费圈子，虽然已经非常努力了，但是面对生活中的诸多问题，我们还是会一筹莫展或凭本能情绪做出错误的判断。

2021年，一个很久不见的同学来深圳找我，吃饭时他问到一个问题："我们都来自农村，也都毕业于同一所大学，为什么多年后你能混得风生水起，我还处在月薪都不过万元的水平？"

其实在经过这么多年自媒体行业的积淀之后，虽然我不能给出一个确定性的答案，但希望我的思考能帮助到大家。

我们从小就受到生活环境和教育环境的影响，其中某些因素会影响我们的思维认知模型，这个模型会引导我们做出决策和行动，进而影响我们的赚钱能力。

对普通人来说，从出生那一刻开始，就会遇到各种陷阱，如资源匮乏、认知缺陷、惯性思维。那些躲不过陷阱的人们，只能负重前行，而那些能靠自己实现阶层跃升的人们，无疑都躲过了生活中的种种陷阱。

有些人赚不到钱，是因为资源匮乏

当今社会阶层之间存在着很高的壁垒，普通人想要实现真正的阶层跃升并不容易。我之前看到巴菲特说过一段话：

当我还是个孩子的时候，各方面的条件很优越。我的家庭环境很好，因为家里人谈论的都是趣事；我的父母很有才智；我在好学校上学。我认为，我的父母是世界上最好的，这非常重要。虽然没有从父母那里继承财产，我真的不想要，但是我在恰当的时候出生在一个好地方，我抽中了"卵巢彩票"。

巴菲特出生在二战后期的美国，那时候的美国是"全球霸主"，经济蒸蒸日上，企业的发展也突飞猛进，他可以最大限度地享受到人类文明发展的新成果，跟随时代得到更多的投资机会。

每个人都有不同的出身，有人生来就是"富二代"，自然享受着父母的胜利果实，而有人生下来就面临饿肚子的现状。前者这种有出身优势的，被戏称为中了"卵巢彩票"。

每个时代，不管是国家还是个人，讲究的都是核心资源和竞争力。过去，核心资源和竞争力是土地和人口。随着时代的发展，全球格局稳定，国家层面的核心资源和竞争力变成了科技、钢铁、电力、石油、芯片等。而个人层面的核心资源和竞争力是谁掌握更多的知识。

对互联网企业而言，流量就是其核心资源，谁的产品能吸引更多用户的注意力，谁就是互联网的"头部"。一个出生在"北上广深"富裕家庭的小孩，和一个出生在西北地区贫困家庭的小孩，这两者之间的差距是，前者拥有相对良好的教育环境，能够接触新事物，有更多见世面的机会，能尽享城市的红利、原生家庭的言传身教和人生经验；后者可能无法保证拥有较好的教育资源。普通人之所以很难实现阶层跃升，核心原因是没有资源支持。

我曾经看过一档令人深思的综艺节目。节目安排100名学生站在同一个起跑线上，并要求嘉宾念条件，每念出一个条件，符合的学生就往前迈6步，当条件念完后，不管学生站在哪个位置，随着一声令下都要向终点跑去，前20名到达终点的学生可以拿到奖品。

嘉宾念了很多条件，如"父母受过高等教育""父母给自己请过一对一家教""自己有过出国经历""父母打算让自己出国""经常得到父母的夸奖"等。当嘉宾念完所有条件后，有的学生因为不符合条件原地不动，有的学生符合几个条件来到了中间，少数学生符合全部条件站到了最前面。

这个节目很残酷，拥有资源的学生有很多优势，他们最先到达终点的概率很大。而那些一步都没有迈出的学生，因为不具备任何优势，所以为了拿到奖品，唯一的方式就是比站在前面的学生付出更大的努力，用尽全力往前冲，超过前面的学生。

当然，那些拥有资源优势，一开始就赢在起跑线上的人也不一定能赢得比赛，在起跑线上落后的人也并非无法成功。你要知道，有些孩子即便从小接触的是良好的教育，成长环境十分优越，也会缺乏一种吃苦耐劳的精神。

抱怨出身，这是不明智且愚蠢的。我们自身越欠缺什么，就越要去补足什么。所有的东西都是靠时间积攒出来的，是靠努力赢得的，这是一个伟大的时代，里面藏着很多留给我们的机会。我们只要保持进步，就可以超越过去的自己，甚至超越那些原本条件优越但是不懂得珍惜的人。

这其实就是我们的机会。

有些人赚不到钱，是因为认知缺陷

比起资源匮乏，认知缺陷更可怕。

一个人的行为是受大脑中的想法支配的，想法又是怎么来的呢？想法其实并不是我们天生自带的，而是身边的人给我们"种植"的。

有句谚语："龙生龙，凤生凤，老鼠的儿子会打洞。"这里的"龙生龙，凤生凤"，并不是指基因，而是指原生家庭对孩子的影响。一对优秀的父母，他们所营造的家庭氛围和灌输给孩子的教育理念和一般父母相比还是不一样的。

除了父母，还有同学、老师、领导、伴侣、互联网博主等，只要是频繁出现在我们生活和工作中的人，我们就或多或少会受他们的思想所影响，彼此联系得越多，关系越好，我们受到的影响就越大。一样的事物，放在不同的人身上却会出现不同的效果，其实这说明了一个问题：行为和结果的差异，体现出的是人的认知能力和水平的高低。

所谓认知，指的是我们在接收到知识或信息后，对其进行加工的过程。比如，我们先有听觉、嗅觉、视觉、味觉等人类生理上的信息输入，然后经过大脑的加工处理，最后转换成心理活动或行为动作。

有人会凭本能情绪对看到的事物做出判断；而有人会俯瞰全局，思考并看透事物背后的本质，得出不一样的结论。举个例子，一个被众人小瞧的人，进入互联网行业，实现了人生逆袭，衣锦还乡。通常这时候多数人的反应是这个人是不是在外面干了什么不合法的勾当。

很多事物的变化只要超出了自己的预期，多数人就会产生一种随意且狭隘的想法，从本质上说，这是一种毫无逻辑和事实根据的判断，是一种认知水平低下的表现，更是一种认知缺陷。但凡严谨一点的人，就会好奇对方究竟在从事什么行业，思考自己能不能学习和模仿。

我们能主动而不是本能地看待问题，就相当于开启了第三视角，这个转变无疑是一个好消息，证明我们已经开启了自我觉醒之路。这时候我们会意识到：哦，这件事其实还是有其他可能性的，我们的想法不能如此狭隘。慢慢地，我们也会发现自己看待事物不再全凭直觉，不再不经任何思考就恶意揣测和反驳，也不再把任何人的成功都归结于运气。

我们开始反思并欣赏所谓的对立面，尝试从对方身上汲取经验或教训。我们也不会在刚取得一点成绩的时候忘乎所以、故步自封，沉浸在喜悦之中，而是保持冷静，学会反思。山外有山，人外有人。我们还需要继续努力。

我常常告诉身边的同事或朋友，面对任何问题，先把情绪暴露出来是一种非常愚蠢的行为，宁可把所有的问题都怪罪在自己身上，也不要指责或抱怨他人。有认知缺陷的人，面对问题往往会做出本能的情绪反应，不管是精神上的还是生理上的，按照让自己最舒服的方式和感觉去做事。他们往往察觉不到自己的想法和行为有何不妥，直至造成不良后果，才恍然大悟，早知如此何必当初。

这就是我们常说的，人不能被教育，只能被"天启"。这就是我们人性中固执的一面，在付出代价之前，我们不仅不认为自己有错，还会攻击别人，为自己辩护。只有等到被现实打击并损失一些东西后，我们才会意识到自己的问题。

而拥有更加高级认知的人会通过分析、评判、调用过往的知识及经验，进行信息归纳总结和重组，得出不一样的结论，即具有独立思考能力。当拥有独立思考能力时，你会发现自己的身体里藏着另外一个你。当做判断和决策的时候，另外一个你会帮你建立全局视角，以更高、更远的角度看待自己，时刻提醒你不要冲动、不要慌张、不要膨胀，不要攻击任何一个自己看不惯的人。总之一切让你看起来愚蠢的行为，都会被另外一个你阻止。

1秒就能看透事物本质的人，和花了半辈子也无法理解一件事的人，他们拥有的自然会是不一样的命运。而这一切的根源可能在于你的身边人。

如果我们被"种植"的思想是劣质的、老旧的、狭隘的，并且还没意识到这个问题，不进行自我批判和认知突围，那么我们这辈子大概率也只能靠这种思想活着了，无法突破自己，无法获取优质的人脉、资源和机会。

我们的一些想法、行为、取得的成绩，都和自身所处的环境、接触到的人或事有关，这些影响了我们的认知。换句话说，不能赚到钱，生活不如意、不幸福，问题也许就出在我们有认知缺陷。

同样是大学毕业，大家起点都差不多，为什么有的人5年之后会有翻天覆地的变化，有的人却一直没什么长进。答案是前者虽然离开了学校，但依然保持对这个世界的好奇心，保持对工作的好奇心，并且无时无刻不在学习新东西。而后者比较固执，不愿意接受新事物，习惯性地拒绝学习、思考和成长，把大量的时间和精力消耗在毫无意义的事情上。

有些人赚不到钱，是因为惯性思维

说个残酷的观点：很多人这辈子都赢不了，都翻不了身。为什么？因为他们过于固执，一直活在惯性思维中。

有些人懂得理财，他们用一次次的杠杆把自己给撬起来，让雪球越滚越大。而现实中很多人天生胆子小，思想保守，每天努力工作、"拼命"加班，每个月都攒钱，一有钱就全部存进银行，不敢尝试任何有风险的事物。

我们习惯了努力，但是光努力有用吗？方向不正确，努力可以说一文不值。那些成事的人不仅努力，还借用了各种各样的杠杆。想赚钱就得先知道钱在哪儿，这是一件极其重要的事情。那怎么知道钱在哪儿呢？

答案只有一个，抄。

财富是抄来的，经验也是抄来的。说简单点就是找到一个榜样，看他在干什么，怎么干的，具备哪些技能或资源。想办法从这个人身上获取认知和资源。如果能做到和这个人保持近距离的关系，你就会被他身上的赚钱特质影响。改变命运不是天方夜谭，有时候别人的一句话或一个信息就足够。

我在大三的时候开始做自媒体，并且一做就是 6 年，能够坚持这么长时间是因为我身边有人在做。我是受别人的影响才抓住机会的。包括我认识的很多在行业里做到"头部"的牛人，之所以能在一个行业里"起飞"，是因为他们事先看到身边人做出了成绩，有了接触和了解的机会。

努力去接触那些你认可的、做出成绩的牛人。去"偷"他们的思维，把自己的劣质思维替换掉，你才能给自己创造机会。财富是抄来的，穷也是抄来的。一个人赚不到钱，是因为他一直在模仿身边人的做事方式。试问用水平和自己差不多的人的思维来做决策，你能得到什么好的结果？

所以，穷是抄来的，你模仿的对象本身就不对。

躲过惯性思维并不容易，因为惯性思维的力量是很强大的。网络"喷子"之所以存在，其实是因为大家的思维不一样，对同一件事情的看法和态度不一样。有人习惯性地寻找别人身上的优点，但是大部分人会抱着看笑话的心态去等着别人犯错，恨不得看别人"塌楼"。物以类聚，人以群分。如果一直陷在惯性思维陷阱里，那么很抱歉，你这辈子恐怕都翻不了身。

我想说的是，如果你想真正有所改变，走出贫穷的死循环，就必须丢掉过去的那些思维和认知，逃离过去的圈层，主动去"偷"那些牛人的思维，抄他们的认知，抄他们的习惯，抄他们的经验，抄他们的方法。

你不知道的赚钱真相

资源匮乏、认知缺陷和惯性思维是影响我们赚不到钱的 3 个底层原因。创业这几年，我见识过各行各业的老板们创富，对这些年入千万元甚至上亿元的大佬，我产生了敬畏之情，总觉得他们之所以成功，一定是因为其在各方面的能力超群，认知超高。

当我真正有能力和这些人近距离且长时间接触之后，才发现，原来并不是这样的，他们中的大部分能够成功其实只是因为做对了一件很简单的事而已。这时候我也意识到：哦，原来很多大佬其实和我们一样，也是普通人，和我们没有太大的差别。当然，能赚到钱的人一定是优秀的，最起码他们在某方面的能力和认知都很强，这毋庸置疑。

他们能年入千万元甚至上亿元，在大部分情况下，都是时势造英雄的结果。我们都知道每个时代都有每个时代的红利，而大佬之所以能成为大佬，是因为他们在自己的时代，选择了一个适合自己的好赛道。虽然个人能力是影响成功的因素，但并不是最主要的，换作其他人，有能力，足以抓住这个机会，可能同样可以得到这个结果。

抓住时代红利和选择一个适合自己的好赛道，才是一个人能赚到钱的真正原因。

你会发现，当一个人完成自己的原始资本积累之后，只要不乱投资，不随意挥霍，大概率就会越来越强。因为已经比大部分的普通人有了更多的试错成本和试错机会，他会更有胆量去尝试更多新的可能性。

我收到过一个读者的私信，他说自己快 30 岁了，在买了车子和房子之后感到压力很大，每个月的工资 2 万元出头，还完房贷和车贷，剩余的工资刚刚够维持家庭生活开支。表面上有车、有房，老婆孩子热炕头，实际上，吃早餐都不敢加鸡蛋。想要创业多赚些钱，却根本没有勇气和资本，就像被温水煮着的青蛙，他根本不知道如何打破现有的状态。

拿到了第一桶金的人，已经掌握了足够多的资源，只要其能力和认知够用，他们就可以快人一步，通过试错获取更多的机会。在这个过程中，他们的发展是滚雪球式的，虽然有失败的可能性，但是他们获取优质信息和试错的机会要比普通人多得多。

而大部分普通人，由于囊中羞涩，总会错失很多机会，做事唯唯诺诺、小心翼翼。

通过参加同学聚会，我发现有些人其实已经掉入了惯性思维陷阱，他们从大学毕业那一刻起便原地踏步，也没有接受新事物，毕业之前是什么样的状态，毕业 5 年之后还是老样子。

我时常感到惋惜，明明有些人是有才华、有头脑的，但一直处于一种相对平庸的状态。他们缺乏获取有效信息的渠道，自然就找不到适合自己的好赛道，而那些找到了适合自己的好赛道的人，只要在这个好赛道上不跑偏，未来大概率会越走越顺。

赚钱的真相是什么

大学毕业之前，我在深圳找到了一份月薪 6000 元的编程工作。当时就想着，要是我毕业之后月薪能达到 8000 元就挺好，如果再努力一下，每年涨薪两三千元，那么到了 25 岁左右，我的月薪怎么也能上万元了。

事实上，我在毕业之后的两年里也确实做到了，由于在工作上做出了些成绩，第 2 年月薪直接就涨到了 1.5 万元，这个薪资涨幅我相信大部分人是做不到的。在这个过程中，我也慢慢意识到，即便每个月能稳定收入 2 万元，一年不吃不喝将收入全部存下来也才 20 多万元。可实际上，除去各种花销，我根本存不下钱。

记得一本书中提到过这样一句话：

学校体系实际上是在教导人们做个普通人，学校永远不会教你关于钱的问题，学校是教你如何做一个打工的人，或者医生、律师、专家，但是从来不谈钱。

我觉得作者说这句话并不是在否定学校的教育，而是在说明一个事实，即学校里开展的教学内容，并不是为了教你如何成为一个会赚钱的人，所有关于赚钱的事情，你都需要在毕业之后自己思考和探索。

有些人会说："人活一辈子开心最重要，并不是以赚钱为目的的。"这句话没错，赚钱虽然并不是所有人的奋斗目标，但确实是一个成年人必须具备的能力，所以作为成年人，你必须知道赚钱的真相到底是什么。

每个人所做的工作其实本质上都是一样的，表面上属于不同的职业，实际上，我们都靠卖自己的时间赚钱。你可以把时间当作一个商品，表面上每个人拥有的时间是相同的，实际上创造的收益却不一样，这取决于个人的赚钱模式。

赚钱模式无非就几种，要么打工，要么从事自由职业，要么创业当老板或玩资本市场。

通过卖单份时间赚钱

绝大部分普通人的赚钱模式都会受到时间和空间的限制，在某一个固定的城市，找一份固定的工作，自己每天付出 8 个小时的时间，每个月拿固定的工资，顶多因为业绩拿点儿提成。这样的模式有非常大的局限性。

如果按照这种赚钱模式，一个人能赚多少钱就取决于他工作了多长时间。即使你现在月薪 1 万元，每周工作 40 小时，也需要 8 年多的时间才能赚到人生的第一个 100 万元。而且前提是不吃不喝、不生病、不发生任何意外，把钱全部存起来。就算工资再高，你也是在给别人打工，收入高低是别人说了算，你只是在利用自己的技能和时间赚钱。

这本质上是在卖自己的单份时间来赚取收益，假如有一天你请假了或被辞退了，收入就会受到相应的影响。特别是疫情期间，很多公司面临裁员，很多职场人是没办法抵御这种失业风险的。当然，这里说的是大多数普通人，一些职场上的"打工皇帝"照样可以做到年入百万元，但是这种人少之又少，而且需要时间的积淀，以及行业资源的积累。

一个人能赚多少钱，取决于这个人的赚钱模式，而靠卖单份时间赚钱的模式具有极强的不稳定性，除非你能把自己的单份时间卖得更贵。要想让自己的时间更值钱，就要像那些年入百万元的"打工皇帝"一样，通过提高自己的核心竞争力来提高自己的溢价能力，让别人能高薪聘请你来帮公司解决问题。

大家有没有想过，为什么演员、网红，以及很多做直播的人能赚到很多钱？无非是因为这些人身上都有品牌特性。不管是演员、网络主播，还是某个领域的 KOL，他们都能通过在平台上展示自己，影响一大批人。如果你每天能在互联网上被 100 万人看到，那么足以证明你身上的商业价值。

《营销管理》一书中提到一个词：顾客感知价值。也就是说，你所赚到的钱等于顾客感知到的价值。从某种程度上说，金钱不是和一个人的努力程度有关，而是和顾客感知价值有关。

在一般情况下，顾客在购买一件商品的时候，往往都会追求商品价值的最大化，他会思考购买这件商品所需要付出的成本，如果认为购买这件商品所获得的总体收益大于所付出的成本，他就会购买，否则他会认为吃亏，放弃购买。这就是顾客感知价值。

你在职场上每个月值多少钱，是由自己决定的。你的期望月薪是 1 万元，老板会根据你过往的工作经验判断你到底值不值这个价，能帮他解决现在遇到的问题。

那如何提升自己的感知价值呢？下面分两个方面来介绍。

1. 选择壁垒相对较高的工作

环卫工人和建筑工人，他们的收入无法和敲代码的程序员相提并论。为什么？因为他们所解决的问题的难易程度不同，在我们的感知价值里，环卫工人和建筑工人的工作价值不如程序员的工作价值高。

环卫工人岗位要求低，人人都可以干，要成为建筑工人，你只需要有点力气就行，但是程序员就不一样了，需要精通很多专业的知识。老板不会因为环卫工人或建筑工人工作很努力，给他们发高于程序员的工资。

所以，想要让自己的时间更值钱，你应该尽可能地让自己在一些壁垒相对较高的行业里做出成绩，这也是提升自己的感知价值的重要一点。

2. 提高自己的核心价值

公司在一个岗位上同时会安排多个人，比如，一家新媒体公司，写文案的可能有四五个人，那么如何超越同事获得更高的收入呢？答案是提高自己的核心价值。你需要研究的是你的文案能给公司带来多少阅读量，你的脚本能不能让某个视频数据"爆表"，或者你的文章能帮公司卖多少货等。有些"打工皇帝"能年入百万元，本质上是因为他们身上有着不可替代的核心价值，能为公司创造更大的收益。

看到这里你就要问自己，现在所做的工作能不能支撑起未来有人愿意花更多的钱聘请你，你这份工作经过时间的积淀，会不会变得越来越值钱。你要让自己在职场上一年比一年值钱，而不是像一辆车一样，成为一种消耗品，时间越长越不值钱。

这么一看，你还会觉得自己现在所从事的这份工作在未来能创造更大的价值吗？

通过把单份时间卖多次赚钱

有一群人，他们不需要依附于任何一个公司和老板，他们靠打造自己的影响力、打造自己的产品、打造自己的赚钱系统来持续赚到钱。他们还可以做到把自己的单份时间卖多次，获得更高的收入。

我最开始在职场打工，毕业两年后成为一名自由职业者，不需要依附于任何一个公司和老板，也不会面临被裁员的风险，所有的收益都是自给自足的，也获得了相对较高的收入。我花一份时间写出的一套课程，会有人源源不断地购买；我花一份时间写出的一本书，不管是金钱方面，还是影响力方面，都可以持续给我带来收益。

同样的例子不在少数，比如，抖音上那些有几百万个粉丝的做知识付费的博主，教英语的、教演讲的、教写作的……他们的赚钱模式就是把单份时间卖多次。很多做知识付费的博主，他们把自己写出的一门课录成音频卖一次，做成训练营卖一次，还可以出版成书卖一次。在这个过程中，他们不仅把单份时间卖了多次，还扩大了他们的影响力，这种赚钱模式简直就是在滚雪球。

一个人能影响的人越多，就越有机会把自己的单份时间卖多次，能赚到的钱就越多。把单份时间卖很多次，会产生一种复利效应，好比你做事情 A，会促成结果 B，而结果 B 又会加强事情 A，不断循环。复利就是滚雪球。打个比方，我不断写文章、拍视频、做直播，用内容去吸引越来越多的人的关注，让自己的影响力越来越大，最后的结果一定是赚的钱越来越多。当我能赚到足够多的钱时，就可以花钱招人来解决我的问题，即创业当老板，将雪球一直滚下去。

你以为只有打造个人 IP 才能把单份时间出售多次吗？不

是，很多人不打造自己的个人 IP，而是通过某种模式也能赚到钱。比如，为了售卖自己制作的一门网课，很多人不是通过写文章、拍视频吸引流量，而是通过投广告去别人的流量池里购买流量，这样一来他们购买获得的用户都是相对精准的，后续的成交转换率也较高。

批量做产品，批量投放，只要投入产出比是正值，他们就会加大力度去投放。据我所知，通过这种模式赚钱的公司中，年利润几千万元的非常多。当然很多个体从业者也采用这种模式赚钱，基本上只有两个人的工作室，一个负责产品研发和交付，另一个负责流量投放，只要产品做得好，年利润 7 位数也不是一件困难的事情。

从本质上说，流量的获取没有免费这种说法，即便是自己做内容的博主，他们的流量也是用自己的时间和精力成本换来的，他们也更乐意直接花钱购买流量。实际上，他们购买的就是流量主的成本。

通过资本赚钱

上面说到两种赚钱模式，一种是通过卖单份时间赚钱，一种是通过把单份时间卖多次赚钱，而这里要讲的第三种模式，是通过资本赚钱。

通过资本赚钱分两种方式：通过购买他人的时间，为自己创造收益；通过投资创造收益。

1. 通过购买他人的时间，为自己创造收益

这个很好理解，也就是创业当老板。当你在某个领域小有成绩，并且拥有一定的启动资金的时候，就可以通过招人来帮自己做事情。老板靠的是资本，只要条件允许，就可以招到有一定技能和学历的人才，为自己所用，通过购买他人的时间，为自己创造收益。

但凡进入这个层级赚钱模式的人，就彻底从工具人变为资本整合者，不过能走到这一步的，往往都是运气与实力兼备的少数人。

2. 通过投资创造收益

比前者更高一层级的赚钱模式就是投资，进入资本市场。很多机构或个人，看准一个项目就使劲砸钱，只要有一个项目能做起来，前期砸出去的钱就能赚回来。比如，一些比较大的上市公司的老板，在通过烧钱跑马圈地稳定自己的"江湖地位"之后，所有的资源都会向他们聚拢，他们可以拿地、上市、投资、并购。

利用资本市场赚钱，普通人不需要走到这一步，也无法达到这个高度，只需要做好选择，朝正确的方向努力，做到把单份时间卖多次，就足以超越大部分人。不管是批量贩卖自己的单份时间，还是做有复利效应的事情，本质上就是让自己的时间创造更多的价值。比如，别人在睡觉的时候，收入也就停止了，但是你在睡觉的时候，依然可以获得源源不断的收入。当你有一天不再依附于任何一个公司和老板，不再依靠简单的体力和技能赚钱，而是通过投资／创作收益赚钱，如通过流量换钱、通过社会关系换钱，就能跳出工薪阶层这个圈了。

利用这种赚钱模式赚钱的人，有机会接触各个行业的顶级圈层的人物和资源整合者。比如，我做自媒体这么多年，拥有了很多粉丝群体，这些粉丝资源相当于一个信息中枢，我能从中获得和了解很多信息差，有了信息差也就有了赚钱的机会。

综上所述，每个普通人都应该有意识地去找到适合自己且能让自己高效赚钱的路径，而不是仅限于做一个职场打工人。首先思考自己目前处于哪一个赚钱模式层级，然后思考如何才能让自己进入下一个层级，过程中需要做出什么选择和付出什么样的努力。规划起来，一步步去执行，相信你会有所改变。

记住一句话：当你在没有找到睡觉的时候都能赚钱的赚钱模式之前，只能无休止地工作。

抓住表达红利，是普通人致富的核心密码

每个时代都有每个时代的红利，每个行业也都存在各种各样的红利，我们抓住了就能实现阶层跃升。比如，2015 年前后的公众号，我们只要入局，就有机会赚得盆满钵满，虽然现在看来，公众号已经算是"古典自媒体"，但早期玩家确实能赚到大钱。

2022 年年初，我结识了一个公众号早期玩家，他算是最早一波开始写公众号文章的，在公众号红利期的那几年，他每年的收入能达到两三千万元，他的赚钱模式很简单，就是接广告赚钱。虽然现在公众号广告业务整体都在下滑，但是在这之前他抓住了红利，实现了原始资本的积累，有能力去尝试下一个风口。

2023 年，风口是什么？不用多想，短视频一定占据一席之

地。你会听到很多卖短视频课程的主播说："错过了微博，错过了公众号，现在你一定不能错过短视频。"这句话说得对吗？我觉得完全没有错，但是看事情不能只看表面，我们得深入探究里面的逻辑。

毕竟时代的红利是短暂的。想要踏上这辆快车，我们不能仅抓风口，而要透过现象看本质。很多能力是通用的，即便没有抓住这个风口，但当你把所需要的能力掌握好之后，等下一个风口来临的时候，你也可以轻松上车。

在大部分情况下，赚钱的能力都是相通的，我们没必要因一时的成败而害怕去做一件事情，要把积累能力当成做一件事情的首要目标，剩下的交给时间。当真正突破某个时间节点的时候，你在这个过程中所积累起来的能力、认知，就会永远留在你的身上，成为你下一次业务成功的基石。

那究竟什么是永恒的？时代红利底层的逻辑到底是什么？我觉得这些才是需要我们花时间去探讨的问题。

很多人忽视了表达能力的重要性

在一部介绍巴菲特的纪录片里，他说过这样一段话：

一个让你至少能比现在富有 1 倍的方法，那就是磨炼你的沟通技巧，不论是书面的还是口头的，如果你不会沟通的话，就像在一片漆黑中给一个女孩抛媚眼，她什么都不会发现，光有超人的智慧是不行的，你还得能够去传播它，这就得靠沟通。

巴菲特在投资领域神话般地存在。他曾经很害怕演讲，后来看到某个提升当众说话能力的课程，便去上了课。后来他说：

如果我没完成课程，我的整个人生可能就会不同，所以在我的办公室，你不会看见我在内布拉斯加大学获得的学士学位证书，你也不会看见我在哥伦比亚大学获得的硕士学位证书，但你会看见我在戴尔·卡内基课程中获得的证书。

巴菲特认为一个人最重要的能力是表达能力。实际上，我做了这么多年自媒体，也有同样的感受。我之所以能在 5 年时间内快速逆袭，完全是因为通过写文章的方式在互联网上进行了表达，收获了几十万名读者，而那些在现实生活中能说会道的人，却没有利用好自己的这一优势。

所以，表达能力是一个人最重要的能力，也是我们日常用得最多的能力。有人能把它用好，轻松创富，而大部分人不能把它用好，之所以没用好，是因为他们还没意识到表达能力的重要性，以及不知道表达真正的本质和如何进行表达。

为什么抓住表达红利是普通人致富的核心密码？我认为有两个原因。

（1）**大众获取信息的需求永恒不变。**有很多人靠微博、公众号赚到了很多钱，我就是受益者之一。现在自媒体的风口是短视频，很多人通过它得到了结果。但是大家有没有想过微博、公众号、短视频这三者有什么共同点。其实它们只是不同的媒介，不同媒介有不同的基因，而这个时代，人们获取信息的方式正在慢慢从图文向视频转变，所以这是短视频成为风口的原因。

古人通过烽火台传递信息，近现代人通过报纸、杂志等传递信息，随着互联网的发展，人们传递和获取信息的方式变成了语音、视频，也就是我们所说的新媒体。短视频也许在 10 年之后会变成旧媒体，那时候人们获取信息的方式会更加高级、更加快捷。

信息的载体随着时代的变化而变化，**但唯一不变的是大众获取信息的需求。**从烽火台，到报纸、杂志、微博、公众号，再到现在的短视频，大部分人抓住的红利只是单纯的某个平台，但是底层的逻辑是大众获取信息的需求。

当下乃至未来，大众对于信息的需求将会一直存在，而获取的路径就是通过上网了解这个世界发展的进程。我们每天都要查看朋友圈好友的动态、公众号博主又写了什么有意思的话题，很多人每天在短视频和直播上所花的时间已经长达几个小时。正是自媒体平台上的海量信息，填充了我们孤独、寂寞和空荡的内心。所以大众获取信息的需求永恒不变。

（2）所有的红利都会向善于表达的人倾斜。普通人应该有一个共识：表达红利是这个时代所存在的，是普通人的红利，抓住它是普通人致富的核心密码。

很多普通人经常会问：现在还能不能做自媒体？他们之所以会问出这个问题，是因为没有意识到自媒体的核心逻辑是表达，而不是平台本身。

种一棵树最好的时间是 10 年前，其次是现在。当你意识到并认同这个观点的时候，就是你入局的最好时机，否则等更多人察觉到并入局的时候，即便付出再大的努力，你也只是这个红利下的炮灰而已。

而表达的本质是什么呢？我认为是信息传递。

看到这里，你可能误以为表达能力指的是沟通能力、演讲能力，其实并不完全是。很多人会说："我性格内向，从来不敢当众说话，人一多就紧张，是不是没办法通过表达改变自己了？"

不是的，本节所说的善于表达并不是仅仅指一个人性格外向、沟通表达能力强。但凡你做某件事情是在进行信息传递，并且能让别人看见，都算得上善于表达。比如，有些人做不到当众演讲，也无法即兴说出逻辑缜密的观点，但是他们能通过一边思考一边写作的方式去表达，去传递有价值且值得推敲的信息。又如，有些人性格内向，人稍微多一些就会不知所措，说话卡壳，但是这并不妨碍他们通过唱歌、跳舞、演奏乐器的方式去表达和传递信息。

随着文明的演变，人类都在不断地解决信息传递这个难题。除了文字，短视频可以说是目前我们能见到的最便捷的信息传递方式了。不管是图文还是视频，我们利用它们的真正目的是进行信息传递，而赚钱只是顺其自然发生的事件而已。

能创作好内容、传递信息的人，永远都只会是少数。如果你能成为舞台上那个创作好内容、传递信息的人，就意味着能吸引观众的注意力，成为一个信息中枢，自然就能聚拢大部分的资源。

抓住表达红利，给自己的人生加杠杆

当今，对于没有任何资源的普通人来说，想要低成本白手起家，方法只有一个，那就是抓住表达红利，成为互联网上的内容生产者，而不是情绪消费者。

（1）成为内容生产者，而不是情绪消费者。

我们每天都要看别人的文章、视频或直播，时不时会质疑别人，实际上这都是在消费自己的情绪。消费者在任何时代都不可能赚到钱，不是吗？

在当前的短视频生态中，参与到评论区的讨论中恰好迎合了平台的算法，你以为质疑别人就意味着自己赢了，实际上你质疑的点可能是博主故意留下的"钩子"而已，其目的只有一个，那就是制造争议，大部分观众只不过是博主获取流量的工具而已。

而如果你是写文章、拍视频或做直播的，那么你的角色就会从情绪消费者转换成内容生产者，同时你的思维方式也会变得不一样。

随着社交媒体的发展，信息传递变得越来越快捷和高效，任何一个有才华、积累了行业经验的人，都可以有机会站上舞台，成为一个信息传递者。你通过文字、音频、视频、直播等方式，塑造个人形象，传递的内容只要能触达到足够多的人，你就有可能吸引到那些对自己感兴趣的用户。

不管身处哪个行业，只要你在社交媒体平台上勇于表达自我，勇于"公益输出"，就能打造出自己的个人品牌，赢得更多的资源和机会，在实现价值互换的同时，帮自己创造更多的订单。这就是属于表达者的红利。

比如，作为商家，要想把产品卖得更多，毫无疑问需要找到更多的客户，那么在自媒体时代，找到更多客户的办法要么是花钱营销，要么是利用内容低成本获客。而要想实现价值和利益的最大化，最重要的是提升个人影响力，让自己变成一个有受众、有"铁杆粉丝"的人。一个人的影响力越大，他的客户数量越可能增加到原来的 10 倍甚至 100 倍，随之而来的就是收入的暴增。

所有人都是羡慕强者的，都渴望接触牛人，都不太可能和一个无名小卒推杯换盏。那些所谓的机会、资源之所以会主动找上门，是因为你在某个领域积累出了一定的影响力。

这是善于表达最有魅力的地方，抓住表达红利的人，不需要过于主动求合作，只需等着别人上门来寻求合作。个人影响力越大，能吸引的人和资源就会越多。所以对于那些声称自己在现实生活中不善于表达的人来说，在互联网上进行表达或许能弥补他们的"性格缺陷"。

值得一提的是，有的人一开始是没有什么所谓的能力的，但是当他的个人影响力大于他当下的能力的时候，他的能力就会随着时间的推移增强。从逻辑上来说，他已经脱离了底层。所以普通人想要改变命运，关键在于敢不敢表达，敢不敢去成为一名内容生产者。

当今是普通人最好的时代。面对众多的自媒体平台，我们只需要勇敢地成为舞台上的内容创作者、信息传递者，就有机会利用内容低成本找到客户并与其建立起信任关系，从而完成一些产品或服务的销售。所以，通过表达和新媒体创造的价值无疑是巨大的。

我通过表达获得了个人影响力，又通过个人影响力变现。无独有偶，我身边的朋友也非常善于通过文字、音频、视频和直播等方式表达、推销自己，用低成本的方式拿到让自己获利的资源，成为新时代下的自媒体"红人"。

抓住表达红利是我们致富的核心密码，也是我们真正立足于这个世界的"武器"。

（2）表达解决信任问题，信任提升销售效率。

生意的成立，需要建立在买卖双方相互信任的基础上。善于表达除了能让更多人看见你，打造个人差异化定位，还能帮助你获得更多的用户认同，即信任。

在大学创业的时候，除了经常通过演出的方式勇敢表达自己，我还利用学校的贴吧等网站宣传自己。正是因为长时间的被人看见和熟知，我逐渐与潜在用户之间建立起信任。我根本不需要进行过多的课程介绍，一次表演就足以打动别人报名我的培训班。大学毕业后，我接触了自媒体，通过文字输出，独特、独家表达，以及对大部分人猎奇心理的满足，拿到了可以在圈内立足的筹码，也就是大量粉丝的信任。我日常发布的每一篇文章、每一条朋友圈，都是在做信任积累，所以当我销售自己的产品时，一切都是那么顺利。

懒惰是人的天性，当代人更是如此。如果勤于运用自己对最熟悉的领域的认知能力，通过表达满足潜在用户的需求，你就会成为一个信息制造者，成为一个充满"信任磁场"的信息中枢。同时，你会拥有能和更多人交流的筹码，这些筹码就是你撬动资源和财富的支点。

打个比方，很多传统行业的老板获客都很困难，特别是受疫情的冲击，利润大幅度下滑。不仅是老板，很多职场人也同样如此，他们渴望有增加多渠道收入的可能性，有极强的副业焦虑，渴望能在互联网上找到一些属于自己的机会。所以他们对短视频有非常大的兴趣，但遗憾的是，他们缺乏对这种新事物的认知能力，也存在一种心理障碍。比如，他们不知道如何找到精准的流量，迈不过拍短视频和做直播这道坎。如果这时候你刚好懂得新媒体传播的媒介知识，能帮助他们解决获客的问题，就有机会获得他们的关注，以此去撬动这些资源。

懂得价值交换的人，往往会为了节省时间付出相应的代价，他们认同并习惯用金钱换取知识和经验，这里所说的代价指的其实就是你能赚到的利润。

那么，普通人在进行公开表达的时候，要让别人觉得自己很专业，靠的是什么？其实靠的是一种感觉。你在平台上持续地输出，不管是在公众号、抖音、小红书、快手上，还是在其他视频账号上，你的文字张力、镜头表现力，以及文章或视频内容的深度，都可用于衡量你是否专业。

当然，要让别人觉得你很专业，前提是你的认知到位，你的表达能力强。如何做到？方法只有一个，那就是刻意练习。是否认知到位、表达强悍将决定互联网上的用户会不会对你产生信任。一旦信任建立起来，你再去做产品的销售，那就是水到渠成的事。

需要注意的是，在执行销售这个动作之前，你要把自己的经验和技能产品化。我相信很多人的经验是很值钱的，请尽量大胆地展示自己，找到受众群体，你就可以通过售卖产品的方式，赚到他们口袋里的钱。而产品，就是你积累多年的经验和技能的一种封装，如一门课、一次咨询、一本书。

如何通过优势赢下第一局

你有没有什么个人兴趣？或者你身上有没有大多数人所不具备的技能和优势？如果没有，那么很抱歉，你当下或未来可能是一个无聊且平庸的人。

明代文学家张岱写过一句话：

人无癖不可与交，以其无深情也。

这句话值得好好品味。一个人如果没有任何癖好的话，那么他是不值得交往的，因为他没有深情厚谊。他不会把大部分的时间和精力放在一件事情上。

从小一点的方面来说，兴趣可以让一个人显得不那么无趣，能有自己的圈子。往大的方面来说，一个人的兴趣会发展成他的优势，从而更好地成就事业。那些在某个领域小有成就的人，都有一个自己感兴趣的领域，并能在这个领域做出成绩。

　　但这个世界上的大部分人并不明白兴趣的重要性，也找不到自己的兴趣，自然也就无法把兴趣发展成优势。如果你对任何事情都提不起兴趣，那么应该好好读一读这本书，或许能给你一些启发和思考。

你为什么找不到自己的优势

　　什么是优势？其实指的就是对于同一件事，你做起来要比别人更容易，或者你更乐意花时间和精力去做它。优势又是怎么来的呢？其实是在有天赋的基础上通过长期、大量的练习得来的。

　　我之所以能靠写作谋生，完全是因为从小练习的结果。初中，我便开始练习写作，参加各种比赛，通过写大量的文章慢慢找到感觉，并且深深地爱上了写作。写作让我心情愉悦，让我乐意花大量的时间去写，每当写完一篇文章时，我会产生成就感和满足感，经过十几年的大量尝试，我发现写作早已成为自己的核心技能之一，它就是我的优势。

　　我曾经发过一条朋友圈：没有人会在一件自己不感兴趣的事情上花费大量的时间和精力，所以知道自己喜欢什么很重要。我一点都不喜欢英语，小时候即便上各种培训班，背诵大量的单词，也依然不能把英语学好。但有人天生喜欢英语，学得也很快，其实这就是一种从天赋向优势转化的体现。

需要强调的一点是，兴趣有时候并不等于优势。很多人总会错把自己的兴趣当成优势，其实兴趣是兴趣，优势是优势，如果你刚好和我一样，把兴趣转化成了优势，那就再好不过了。

在把兴趣转化成优势之前，我们需要先弄清楚，为什么找不到自己的优势。我觉得大致有以下 3 点原因。

（1）**没有选择的能力。**不管是在工作中还是在生活中，很多人都想选择自己喜欢做的事情。实际上，大部分人根本不知道自己喜欢做什么，想要做什么，一开始都没有选择的能力。问题的根源在哪呢？我觉得是因为我们缺乏一种"发现兴趣"的技能。

我清楚记得在高中毕业之后，自己根本不知道应该选择什么专业，只能通过专业名称，本能地去选择一个看起来前景还不错的专业。其实很多人都是这样的，选择一个自己不喜欢的专业，在大学毕业之后也不会去从事相关的行业，找的工作也不喜欢。不喜欢做某事就意味着无法做到让自己擅长，一直在用自己的短板和别人的优势去竞争，自然不会有赢的可能。

很多人之所以会对自己的现状感到不满意，在大多数情况下是因为最开始不会选择。

（2）**没有去做**。上大学的时候，我经常听到有人信誓旦旦地说："我喜欢唱歌，以后想当个独立音乐人。"当我问他为自己喜欢的这件事花费过多少时间和精力，或者写过几首歌的时候，他却哑口无言。有人说想当作家，却从来没动笔写过文章，甚至连朋友圈都懒得发几条。有人跟我说想像我一样把吉他弹好，当我问他已经练到什么程度的时候，他却说连吉他都还没有买。

这就是大部分人身上存在的问题，嘴上说喜欢，实际上却不行动。但是他们为什么会说自己喜欢呢？其实大部分人会说喜欢，仅仅是因为看到了这份工作或这项技能会给自己带来光环或财富而已。

抱歉，这并不是真正的喜欢。

（3）**没有持续地做**。每个人生下来都是一张白纸，如果没有持续性学习或重复性练习，我们是不可能掌握一项技能的，更不可能把这种技能转化成优势。

上大学时，我在音乐培训班教过上百个学生，发现大家普遍存在的一个问题是，虽然喜欢音乐，想要学弹吉他，但是往往在上了几节课之后就放弃了。原因是他们感受到了音乐背后的枯燥，原来想要弹出一首完整的曲子，需要基本功，需要长年累月地练习，让手指形成肌肉记忆，这对于自己来说简直太难了。

其实不管学弹吉他、学舞蹈，还是学拍短视频和做直播，学习任何一项技能的前期都是枯燥无味的，不会立马有结果。有些人内心有驱动力，能让自己坚持度过那段日子，并最终获得正反馈，把技能变成优势，而有些人仅仅表面上喜欢，实际上内心没有任何的驱动力让自己坚持下去，每当遇到困难时，就会选择放弃，这种态度自然就无法把兴趣转化成优势。

如何找到自己的优势

前面说过，优势是通过长期、大量的练习得来的，并不是找到的。如果没搞清楚这个问题，那么你再怎么寻找也是找不到的。

那如何找到自己的优势呢？我的建议是，你应该思考自己做什么事情会相对比较容易，并且愿意花时间、花精力去做，做了之后还能让自己产生满足感和成就感，那这就是你潜在的优势。从潜在优势中筛选一个，开始刻意地、持续地、大量地练习，直到自己真正掌握它为止。

下面提供 4 个步骤，希望能让你把一件完全不会做的事情转化成自己的优势。

第一步：感受。

首先，找到那些你感兴趣的事情，观察那些已经做到的人是怎么做到的。比如，我之所以想学弹吉他，是因为受到身边一位朋友的影响，当看到他的手指在琴弦上自由变换位置就能发出动听的声音时，我非常羡慕。于是我开始在网上搜索别人弹吉他的视频，越看越喜欢，越看越觉得自己就要成为这样的人。

相反，有些人在第一眼看到别人会弹奏乐器时，觉得羡慕，有想去学的想法，但仅此而已。当你让他再去看的时候，他估计就没有什么兴趣了。所以当你对一件事情感兴趣的时候，先去观察自己的这个兴趣能不能持久，是越来越喜欢，还是越来越感到无趣。这个过程是验证自己是否喜欢一件事的第一步，有些人喜欢一件事只是一时冲动，多做几次也许就会觉得索然无味。

其次，虽然我们做事需要讲究执行力，想到一件事就要立马去做，去验证想法，但有时候我们可以用最低的成本去试错。比如，看到别人拍短视频很成功，一年涨粉几十万人、上百万人，你觉得自己也可以做到，于是立马采购了专业的设备，幻想自己明天就能火爆全网，结果拍了几条短视频都不尽如人意，于是草草放弃，白白浪费了购买设备的成本。

你这样做表面上看效率极高，但完全是头脑发热，在做之前并没有想清楚自己能不能坚持，或者适不适合做下去。正确的做法应该是以最低的成本去感受，如直接拿着手机拍短视频，虽然要考虑声音效果，但花一两百元买一个收音麦就完全够用。通过这种方式，让自己感受面对镜头说话，自然就能判断出自己到底是心血来潮，还是真的想把拍短视频转化成自己的优势。

执行力虽然很重要，但如果有最低成本试错的方式，我们就应该尽可能先让自己去感受。去感受是一种自我筛选，能帮你找到自己真正的兴趣所在。

第二步：尝试。

当用最低的成本筛选出一件自己感兴趣的事情后，接下来就需要让自己认真尝试。尝试这一步非常重要，它能直接决定你是否能长久坚持做这件事情和花大量的时间去刻意练习。

那在尝试的过程中，到底如何去判断这件事是不是自己的潜在优势呢？下面我提供两个角度供大家参考。

（1）和同行者对比。

大学毕业之前，我对未来的职业发展方向感到焦虑，所以跟着同学报了培训班学 IT，指望毕业之后能靠这门手艺"吃饭"。可是在学的过程中，我发现自己学得比别人慢，一节课下来同学们都能很轻松理解，而我却一直云里雾里。半年之后，同学们都能独立上手做项目，把每一段代码都写得很"漂亮"，而我还是像个门外汉。

我在大学创业教人弹吉他时，碰到了不同年龄段的人，有小学生、初中生，还有同年级的大学生。我发现有些人很快就能上手，有些人即便花很多时间去练习，也依然没多大进步。印象最深的是，我同时教过两个年龄一样大的小孩，其中一个非常调皮，上课也不认真，但他对于知识的接受能力特别高，学起来也特别快，而另一个很听话的小孩，不管我怎么教，他就是学不会。其实这就说明前者比后者有天赋，更容易把弹吉他转化成优势。

我自己当时学 IT 也是一样的，接受能力明显不及一起学的同学，我是一个文科生，难以理解理科的内容，解决这方面问题的能力也相对不足。所以那时候我意识到原来自己在敲代码这件事情上是没有天赋的。

当你要去判断自己在某件事上有没有潜在优势的时候，可以去和自己的同行者做对比。

（2）看自己的反应。

除了要和同行者做对比，还要看自己的反应，看自己对这件事的热情是不是一直都在。还是以当年学 IT 为例，在接受了4 个月填鸭式培训之后，我就和几个同学带着简历来到深圳找工作。我接受了 30 家公司的面试，结果没有一家公司录用我，真的毫不夸张。

我那时候才上大三，一个没毕业的学生，人家一眼就能看出我的经验是经过包装的。后来我通过了第31家公司的面试，全因老板不懂技术且公司缺人。我在那家公司上了一个月班，前期把会的代码写完之后，我遇到了很多自己解决不了的问题，也不知道如何解决，开始变得很急躁，不知所措。随后我对这份工作很抗拒，每天都不想去上班，感到很崩溃。

我慢慢意识到原来自己真的不适合这个行业，我在编写代码方面没有天赋，它更不是我的优势，于是我提出了离职申请，回到学校研究新媒体这个行业。而那些一起学习编程的同学就不会出现我这种情况，当遇到问题时，他们不会变得急躁和有想放弃的念头，而是会静下心来研究和解决问题。

所以，当你在做一件事情的时候，如果产生抗拒、焦虑、抵触、逃避、崩溃、急躁等心理，相信我，这些本能的反应就是在告诉你，这件事你根本不感兴趣，也不可能成为你的潜在优势。兴趣是最好的老师。如果你对这件事都不感兴趣，就不可能把这件事做到擅长，并转化成自己的优势。

第三步：刻意、持续、大量练习。

当找到一个自己真正感兴趣的事情后，你就要通过练习把从这件事中获得的技能转化成自己的优势，练习主要分为3点，分别是刻意练习、持续练习、大量练习。

（1）刻意练习。有一本书叫《刻意练习》，推荐所有人阅读。当你看完这本书后会发现，世界上其实并没有什么难事。书里提到：无论学习小的生活技能，还是提升关键的工作能力，都离不开大量的练习。现实中，我们通常对练习有很多误解，认为练习就是不断重复，其实并不是，不断重复只是"天真地练习"，无法带来进步。想要成为一个行业的专家，我们都需要刻意练习。

那到底如何练习才算得上是刻意练习呢？举个例子，入门自媒体最快捷的方式一定是找到一个做出成果的老师，跟着他的课程一步一步学，学完第一课再去学第二课，完成每一课所需要达到的目标。而不是在还没有找准自己的定位的前提下直接生产内容。

刻意练习一定是建立在有目标、有计划、有反馈的前提下的。

（2）持续练习。把任何一项技能转化成自己的优势，最忌讳的就是三天打鱼两天晒网。所以持续练习就要求我们做一件事情最好不要断断续续。如学弹吉他、学跳街舞，说到底练习的就是肌肉记忆，如果没有持续地去练习，就没办法做到真正掌握它们。

从 2021 年开始，我每天都会跑步至少 3 公里，并且在朋友圈打卡。在这种长期不断的重复下，我能明显感受到身体的变化，也有人受我的影响开始跑步，可是有些人不讲究循序渐进，从来不跑步，第一天就跑了 5 公里，结果第二天全身疼，没办法再继续跑了。持续练习讲究的不是一时兴起，更不是短暂的爆发。

很多人没有找到自己的优势，本质上是因为没有一个持续练习的过程，这时候优势也有可能被浪费。想把一件事情做到擅长，转化成自己的优势，就要持续练习。

（3）**大量练习**。之所以没有找到自己的优势，是因为你没有去做，以及没有持续地去做，你嘴上说喜欢仅仅是因为看到了这项技能给自己带来光环或财富而已。

在练习任何一项技能时，如果没有达到一定的程度，是不可能产生质的变化的。中国男子短跑运动员苏炳添，在 2021 年东京奥运会男子 100 米半决赛中跑出 9 秒 83，以半决赛小组第一的成绩闯入决赛并打破亚洲纪录，成为中国首位闯入奥运男子百米决赛的运动员。他成功的背后付出的是超乎寻常的高强度训练。

当和同样拥有天赋的人去比拼的时候，要想比对方有优势，你就得做大量练习。2016 年，我开始接触新媒体行业，在这一年里我写了几百篇文章，几乎每天都在写，正是因为大量练习，我才有了一点对新媒体的感觉，才慢慢对这个行业有了一些认知。当初在自学弹吉他时，我能在一个月之内学会弹奏大部分歌曲，靠的也是大量练习，同一个和弦一天要练习两三个小时，练习上千甚至上万遍才能熟练掌握。

所以，在你进入一个行业之后，没有大量练习是不可能做好的。

第四步：实战。

什么是实战？实战就是把你平常练习的项目放在一个真实的环境中去做检验。比如，高中模拟考试是练习，最后的高考就是实战。

实战和练习是有千差万别的，有时候你练习得很好，但是真正到了"上战场"的时候总会"掉链子"。我还记得第一次上台演出，演出之前，认为自己已经练得炉火纯青了，但当聚光灯打在脸上的时候，焦虑、紧张随之而来，这就是实战和练习不一样的地方，我们不仅要战胜别人，还要战胜自己。

实战也是需要大量练习的，我在第一次做直播的时候很紧张，说话声音都会发抖，但在经过了大量的实战直播，习惯了对着镜头演说之后，我自然就能找到问题所在，并进行优化。

实战的目的是暴露问题，让自己找到那些可以进步和优化的地方，直至做到完美。

把你的优势放大，卖个好价钱

把优势放大，简单来说有两个步骤，即让自己被别人看见和给自己的经验定价。

1. 让自己被别人看见

通过刻意、持续、大量的刻意练习，我把写作、拍短视频和做直播转化成了自己的优势，在这个过程中我一直在公开写作、公开直播，让别人看见我写的内容和拍的视频，其实就是利用媒介去表达，让更多人认识我，积累个人影响力。当一个人在互联网上有了一定量的粉丝之后，这个人就相当于一个信息中枢，会有各行各业的人关注他，形成一种资源聚拢效应。

凯文·凯利提出过一个非常著名的"1000 个铁杆粉丝"理论，意思是你只需要有 1000 个铁杆粉丝就能养家糊口。无论你创造出什么样的作品，他们都愿意付费购买。

所以，把你的优势放大的第一步，就是让自己被别人看见。

2. 给自己的经验定价

当把写作的作用发挥到极致，积累了一定的粉丝量之后，就可以写课程、写书，最后通过个人影响力变现。如果你擅长跳舞，就可以利用媒介，通过拍短视频或做直播的方式去放大自己，让别人看到你身上的价值。比如，有人钓鱼很厉害，并且他还卖一些周边产品，他通过拍短视频分享自己是如何钓鱼的，并挂上要售卖的商品链接，一样会有人去购买他的周边产品。又如，我有个大学同学，游戏打得很好，在我的建议下，他通过分享自己打游戏的解说视频"吸粉"百万人，还靠售卖游戏教程年入百万元。

我曾写过一篇文章，介绍一个农村女孩通过在网上教人认字，月入 30 万元。有人会质疑，这怎么可能，现在难道还会有人不认识字吗？但事实就是如此，她把那群不认识字的中老年人当作授课对象，找准目标人群，自然就能把识字这项看似再正常不过的技能教给别人。

每个人身上都是有闪光点的，只是有些人没有刻意去寻找而已，或者根本就瞧不起自己的技能，觉得根本不可能靠这些简单的技能赚到钱。有时候没有被别人看见，只是因为我们看不懂别人的需求，低估了自己的价值罢了。我们一直生活在自己的经验里，每个人的经验都是可以售卖给别人的，前提是你需要找到匹配的用户，找到那个想成为你的人。

总的说来，普通人要想实现逆袭，就需要先找到自己的优势，再花大量的时间和精力去练习，让自己脱颖而出，最后形成自己的壁垒。要想超越同龄人，要想获得财富和地位，就必须把全部的注意力放在自己的优势上，而不是把大量的时间花在娱乐、游戏和无效社交上。

不管短板，先赢下第一局

马太效应的意思是强者恒强，弱者恒弱。如果把优势不断放大，你就会变得越来越强。有人会说："那自己的短板是不是就不管了？"是的，在你赢下第一局之前，先不用考虑如何补齐短板，因为无论你怎么改变目前的短板，都暂时得不到什么结果。

我有个朋友，副业是滑雪教练，各种动作做得特别酷炫，能看得出他有极强的天赋，平时他也在自媒体平台上发一些自己的滑雪视频，吸引了不少粉丝，靠着网上引流做线上线下的教学，一年保底副业收入能有 20 万元。但是如果我和他互换职业，他可能一天都写不出一篇 1000 字的文章，我可能练几年都不一定能做出他的那些动作。

其实我们都是通过自己的技能赚钱，很多人之所以收入不高，是因为他们没有选对适合自己的行业，没有把自己的优势发挥在正确的行业上，让自己用不擅长的技能和那些专业的人竞争，这当然不具备赢的条件。

我的优势是写文章，所以几年下来积累了几十万名读者，现在那些靠写作赚到钱的人，多多少少还是受天赋影响的，而我只是把这种天赋通过互联网放大，形成了个人影响力而已。包括你所看到的任何一个稍微有点成就的人，其实他们都是在尽最大努力把自己的优势发挥到最大罢了。

至于自己的短板，如果你能通过自己的优势赚到钱，就只需要找到对应的人进行优势互补即可。比如，我对设计、剪辑这些工作并不擅长，只需要找到相关的人，让他们来帮我解决，把剩下的时间全部花在自己的优势上，把它发挥到极致就行。

如何提升你的赚钱能力

对于普通人，要想在一个有时代红利的项目上赚到钱，应该如何做呢？或者赚钱能力是不是真的可以通过培养进行提升呢？到底应该如何提升一个人的赚钱能力呢？

大部分有时代红利的项目，第一批受益者一定在类似项目上做了很久。因为只有在这个项目的周边领域积累了一定的认知、能力、经验和资源，你才能迅速看到这个项目的红利，并以最快的速度迁移过去，从而成为第一波项目红利的享用者。

而这个时代的红利，其实和大部分的圈外人都没多大关系，更别提只要进场就能赚到钱了。很多人都在追风口、抢红利，但平台的红利期并不等于普通人能有赚钱机会，而是意味着有经验的团队或个人能赚到"快钱"。比如，我的一个同事之前做过淘宝客，她对选品非常了解，很清楚什么样的商品符合什么样的人群，也知道如何写出能让用户下单的文案。后来短视频风口来临，她从淘宝客转做短视频带货，曾经靠一条视频就赚了 30 万元佣金。

很显然，她把握住了短视频的红利，前提是她在类似的项目上已经积累了一定的经验，当短视频红利到来的时候，她能快速把之前带货的经验迁移到短视频平台上，迅速得到结果。如果她之前没做过类似的带货工作，就不可能立马在短视频生态里赚到钱。

任何事情想要做出结果，都不可能是一蹴而就的。我在给学员做自媒体相关培训的时候总是说："对于圈外人来说，想要真正进入一个全新的赛道，健康的预期和正确的态度应该是，先感受项目，提升在做这个项目的时候需要的能力，而不是把赚钱放在第一位。"

我们应该有一个坚定不移的共识：那些真正的赚钱高手，其实都是能识别价值的长期主义者。也就是选定一个能赚钱的项目，长期深耕，做时间的朋友，而不是只要看到任何一个人做某件事情赚钱就想一头扎进去试试，最后往往都是既没学到技能也没赚到钱。

想赚到，先看到

"先看到"可以分两个层次，分别是浅层次的"看到"和深层次的"看到"，前者是为了让自己相信，后者是为了让自己提升模仿的能力。

1. 浅层次的"看到"，是为了让自己相信

我的个人公众号有 40 万名读者，在行情处于巅峰的时候，平均每篇文章的阅读量差不多能稳定在 4 万人次以上，一条广告的报价基本也都在 4 万～5 万元，相当于一次阅读量值一元。我公司旗下的财经类账号，仅仅有 20 万名读者，巅峰期一条广告的最高报价可以达到 8 万元，而这类账号每篇文章的阅读量也不过两三万人次。如今有些自媒体账号，虽然只有几千或几万个粉丝，但是能做到营收百万元。核心原因就在于这些自媒体账号内容足够细分、垂直，吸引到的人基本上都是精准的付费用户。1000 个粉丝里，90% 以上的人会成为付费用户。

在大众的认知里，粉丝越多的账号影响力越大，同时也越赚钱。其实这种想法过于绝对和外行。我们曾经做过很多百万级粉丝账号，但由于账号定位的问题，这些百万级粉丝账号的变现能

力有时候还不如一个有 10 万个粉丝的账号。

我相信大部分圈外人会对此感到震惊和难以置信，因为大部分人是不"混"自己领域外的圈子的，相对来说思维会比较固定，他们只愿意相信和接受自己亲眼看到的事物，一旦有信息打破他们的认知，他们就会质疑，这其实很正常。我对于自己不了解的领域的赚钱模式，一样会感到惊讶。

每个人或行业都有自己的商业模式，当一个商业模式完全超出自己认知的时候，我们短时间内自然是无法理解的。大部分圈外人没有看见，所以不相信。

所以浅层次的"看到"，是为了让我们自己相信，这个世界上真的存在着合理合法、千奇百怪的赚钱模式。我们的认知是有限的，我们可以保持怀疑，但不能没有好奇心。

2. 深层次的"看到"，是为了让自己积累模仿的能力

大家要明白一个真相：你的所作所为是在一个独具个人特色的方法论指导下进行的，是大脑先调用你过往所积累的经验，然后指导你做出的。当一个人脑子中的信息量不够的时候，他在遇到具体问题时，自然就找不到解决方案或解决办法，从而失去很多原本可以尝试的机会。

毫无疑问，过往所积累的经验对于赚钱能力的提升是尤为重

要的，前提是我们需要更深层地去理解某个行业的玩法和所需要的技能。比如，当一个人看到别人写文章、发视频就能赚钱时，也想通过自媒体赚钱，如果在根本没有理解互联网内容如何传播、背后的逻辑及变现方式的前提下尝试，那么他大概率得不到结果。

浅层次的"看到"，虽然能让我们相信一个赚钱案例，但是要想真正参与其中并取得一定的成绩，需要的是大量研究、学习，甚至付出时间、精力去模仿。自媒体的写作能力需要我们刻意练习去获得，拍短视频和做直播的能力也需要我们大量尝试去获得，甚至知识变现的产品也需要我们不断地仿照竞品去打磨。

不过，在任何一个行业都有大量优秀的人，任何一个行业所需要的技能，也都是可以通过研究大量优秀案例来掌握的，只要肯花时间，不可能做不好。所以，想要在未来提高自己赚到钱的可能性，我们要做的第一步一定是让自己看到，了解自己感兴趣的行业中的高手是如何赚钱的，需要哪些能力，他们的赚钱模式是什么。

只有大量观察，我们才有可能一步步地打破自己脑子里固有的认知，获取有效的信息和玩法，最终找到一个自己感兴趣且适合的行业或项目去模仿。

保持极致的专注

很多博主会告诉你，商业世界里的很多赚钱逻辑其实都是相通的，赚钱是一门可以学习的学科，也是一种可以培养出来的能力。只要提升自己的认知，你就能像打通任督二脉一样提升自己的赚钱能力，并且一旦打通就可以永远"长"在自己身上。

怎样提升认知呢？很多博主给出的答案是学习大量的赚钱案例。于是你开始加入各种所谓的赚钱社群，没日没夜地"泡"在里面翻阅各种帖子。往往这时候你会先后出现两种状态，先是这些眼花缭乱的赚钱案例让你兴奋得夜不能眠，让你觉得自己发现了宝藏，假以时日一定能翻身赚大钱；接着你尝试了很多项目，但是根本做不出成绩，在反复尝试下，你既花了钱又耗费了时间，最后变得焦虑和迷茫。有这种浮躁心态的人根本不可能成功。

一个人从只会通过打工赚钱到掌握其他赚钱模式，需要经历一个漫长的过程，这个周期因人而异，有些人可能打一辈子工也赚不到多少钱，有些人可能还没毕业就因为运气赚到了钱。

很多信息确实可以让我们开眼界，但是要把这些信息利用起来赚到钱，最重要的不是研究各种赚钱案例，而是应该尽快选择一个适合自己的行业，即这个行业所需要的能力是当前的自己能匹配的，剩下的就是在其中保持极致的专注。

在做自媒体行业之前，我从来没有看过任何赚钱案例，而是选定了这个行业一直深耕，在深耕的过程中，慢慢积累起对这个行业更深层的认知和能力，正是有了这些认知和能力我才有可能赚到钱，它是一个循序渐进的过程。

所以针对提升赚钱能力，我们应该有个正确的预期和心态，只有在某个行业中慢慢积累出能力和认知，我们才有可能在这个行业中赚到钱。同时，当另一个周边行业出现机会时，我们才能把握住机会，这一切的源头是在某个行业保持着极致的专注。

千万不要被赚钱冲昏了头脑，太过于急功近利，否则只会使自己掉入各种赚钱陷阱，看似付出了很多时间和精力，实际上都是在浪费时间和精力。保持对某个行业极致的专注，是做成一件事的先决条件。

总结赚钱的逻辑

商业世界里，确实有很多商业模式都是相通的，基本上所有的赚钱案例总结下来，其实就两个关键词，分别是产品和流量。每一个成功的创业者或生意人，都需要打通有产品卖、有流量买这个闭环，但凡有一个环节打不通，整个商业模式也将不成立。

所以从本质上说，提升自己的赚钱能力这个命题，实际上说的是如何提升自己做产品和做流量的能力。

1. 什么是产品

产品对应的是需求，有需求才会有市场，这是做成产品的首要因素。当然产品也是有种类划分的，大致可以分为虚拟产品和实物产品。如电子书、课程、音乐、游戏权限、咨询服务等，这些都属于虚拟产品。至于实物产品大家都能理解，这里就不多说了。

我在一开始做自媒体的时候，是没有自己的产品的，所以只能通过接广告来变现。相当于我把自己的流量卖给那些有产品的人，他们通过自身产品的优势和卖点吸引用户购买其产品，从而完成变现。不过这种接广告的方式并非长久之计，后来我们开发了自己的产品，不管是付费社群还是相关自媒体课程，在一定程度上都满足了用户的需求。市面上很多知识博主开发的课程，都是匹配粉丝群体的画像而出现的产品。

这几年打工人在职场的安全感也有所下降，随时面临降薪和被裁员的风险，所以大家都想通过副业来尽可能保障自己的收入不受影响，同时，各种副业培训机构或品牌蜂拥而至，给这群焦虑的人提供副业培训。

对于互联网创业者来说，做虚拟产品是一本万利的好生意，所以你应该思考的是，以目前的能力和资源，你能在哪方面为别人提供什么样的产品。你选定的这款产品有没有已经做得还不错的竞品，竞品在哪些地方做得好，在哪些地方做得不好，你是否可以总结出来并对自己的产品加以改进。

2. 流量怎么来

任何一款产品，如果没有流量，就不可能产生交易。获取流量一般有两种方式：一种是拥有产品的人通过内容获取流量，一种是花钱购买流量。前者叫免费流量，后者叫付费流量。

大部分善于获取流量的人，对于打造变现产品一般都不太擅长，如那些拥有几十万、上百万个粉丝的商业个体，在大多数情况下只能通过卖别人的产品来变现。很多能自己做出产品的人获取流量的能力并不如前者，但是这并不影响他们把产品卖出好价钱。其核心原因在于他们懂得付费流量的重要性——这是一种更高效的流量获取方式，获取到的用户相对于免费流量来说会更加精准，后续的转化效果自然也会更好。

不管是付费流量还是免费流量，都不可能是一次性的，所以为了实现更好的转化效果和未来的复购，我们需要把流量沉淀在私域里去精细化运营。

市面上有很多副业课程，教你做某个项目赚钱，这些人的玩法通常是，自己先把项目做一遍，一旦出成绩就立马把项目包装成一款产品，再用培训的方式去赚钱。如淘宝无货源培训、知乎好物培训等，这些都是很多机构赖以生存的培训项目。

虽然市场上知识付费产品质量参差不齐，但是不得不说其背后是一个完全打通了产品和流量闭环的商业模式，对于普通人来说，面对各种培训项目，的确需要擦亮双眼以免上当受骗。

总而言之，在互联网上赚到钱的逻辑，无非是先做出一款有需求的产品，当然如果不知道做什么产品，就找一款竞品，去模仿和超越它，再形成自己的差异化壁垒，最后想办法获取流量，不管是免费的还是付费的，这些都是产品的命脉，是必须要有的东西。赚钱的逻辑其实就是这么简单，只是产品和流量之间还存在运营、交付、复购等环节，但是只要产品和流量不出大问题，其中的这些环节都是可以在过程中被慢慢优化的。

懂商业的人有很多，但大多数人还只停留在懂的层面，市场缺的不是知识分子，而是缺能利用方法论做出成绩的人。

第 2 章

选择圈子，改变命运

不会选，是普通人逆袭的障碍

圈子从来都不是混进去的

职场逆袭，你必须拥有"叛徒思维"

我劝你立马远离这些人

什么样的人能年收入百万元

普通人改变命运的秘密

不会选，是普通人逆袭的障碍

深圳是一座快节奏的城市，有草根在这里翻身年入 7 位数，从此改变命运；有人在这里折腾七八年依然入不敷出，除去必要的支出所剩无几。有一天傍晚，下班后我走出公司大楼，看到了一些值得思考的场景：外卖员奔走于城市的街道和楼宇之间，大楼门口的保安按照惯例巡逻，路边卖炒粉的摊主的支付宝入账 15 元。比起大楼里各种高科技公司的核心人才，他们算得上是低收入人群。

或许他们的能力在某方面并不比刚走出大楼的律师差，仅仅因为行业站位的不同，所以他们拥有了不一样的人生。

不同的选择造就不同的人生，选对行业是普通人逆袭的关键。不管是 500 强企业的核心高层还是家电维修工人，他们在行动力或在执行的投入上其实并没有太大的差别。前者花 2 小时做的直播大纲或 PPT，可能撬动价值百万元的产业，而后者花

2 小时修好的冰箱，只能延续原有的功能。

真正衡量他们的社会价值的关键因素是谁在一开始的决策层面投入了更多的认知。选择对于我们来说就像一面高墙，翻过去了就能看到另一番风景，翻不过去就会成为障碍。关于如何做出正确的选择，我有如下一些经验和思考供你参考。

想超越 90% 的同龄人，先"脱离"原生家庭

母弱出商贾，父强做侍郎，族望留原籍，家贫走他乡。

我对这句话的理解是：普通人家的小孩一定要志在四方。如果你的原生家庭条件比较差，无法在事业和经济上给予你一定的支持，那么你应该远离家乡，去资源广、机会多的大城市寻求发展。在商业世界里积累经验、开阔眼界、提升认知，直至有一天积累出属于自己的生产资料后，尝试创业，这是大多数普通家庭出身的小孩大概率实现阶层跃升的途径。

相反，如果你的原生家庭条件很好，家族也在当地拥有极其丰厚的人脉资源，那么你可以留在当地发展，利用好家族资源也许是最好的选择。除非你能非常确定自己在商业上的天赋足以撼动原生家庭，否则请抱紧家族这棵大树。

如果让我再选一次，大学毕业之后是回老家还是去大城市，我的答案很明确，一定是去大城市。我们都无法预见未来会发生什么，选择去资源多、机会多的大城市，至少会增加我们成功的概率。要想在一个行业里做出成绩，你就应该和行业里那些优秀的人待在一起。高价值行业中最核心的人才、资源、资本都在大城市，你不主动融入大城市的行业圈子，大概率只能望尘莫及。

大学毕业之后我去了深圳，其间有一年半的时间离开深圳去北京创业，之后又回到了深圳。如果当年大学毕业之后没有去北京、深圳这样的大城市，那么我不可能靠自己的能力在大城市买房、买车。我遇到的所有机会，都是大城市给我带来的。反观和我同期毕业的同学，他们在毕业回老家生活了几年之后发现，自己过得并不如意，小城市没有可以施展自己技能的机会和岗位，平时做着一些简单的工作，不满足现状但又不知道如何找到突破口。

所以我给还没大学毕业的读者的建议是，如果你即将大学毕业，并且你是一个想闯出些名堂的人，那么一定要去大城市闯一闯。如果你一开始就选择回老家，会给自己积累很多沉没成本，假如在自己熟悉的环境中待久了，你基本就不敢再做出新的选择。

很多人会说："大城市也并没有想象中的那么好，机会也并不是每个人都能抓住的。"这话说得没错，但在个人成长这件事上，我们应该坚持长期主义，即使最终我们被大城市的房价打败，不能留在这里生活一辈子，但只要我们认真对待工作，认真看待自己的职业发展，我们在大城市所积累的经验也大概率会多于小城市所带来的。

凡事都没有绝对，我也并不是一个鼓吹大城市好的人，很多人只会告诉我们大城市的资源多、机会多，却没有告诉我们大城市也有大城市的残酷。选择待在大城市并不意味着成功的概率大，对于绝大部分个体来说，在大城市成功的可能性微乎其微。

大城市只是给了我们资源和机会，能不能争取到或遇到，要凭我们的运气和能力。我始终认为一个人之所以穷，是因为原生家庭穷，所以要想跳出惯性思维陷阱，不管是从环境上还是从思想上，就一定要先脱离原生家庭。

想超越 90% 的同龄人，先选对行业

我曾在一场主题叫"草根如何快速翻身"的直播中，给在线的几千个观众分享了一句话："草根想要翻身赚到 100 万元，就

要去做能赚到 100 万元的事情。"

很多人听后说："你这说的不是一句废话吗？"请大家仔细想一想，送外卖、跑滴滴的有年入百万元的吗？维修工人靠修几个家电就能赚到大钱吗？一天只有 24 个小时，即使他们在一天内把腿给跑折了，把车给开冒烟了，通过这种工作赚到的钱也都是极其有限的。

在大多数情况下打工只能解决温饱，并不能让一个人赚到大钱，除非你是大企业的高管或"打工皇帝"。所以，能不能赚到钱、能不能超越大部分的同龄人，取决于你做的是一件什么样的事情，如果选错了，即便你再怎么努力，收入多少也是可以通过参考同行提前算出来的。

其实，个体之间并没有多大的差别，一些人能赚到钱并不代表他们的能力就很强。普通人赚不到钱，不是因为他们的能力不行，而是因为他们做错了选择，做的事情本身就不行。

这个道理运用到钓鱼上同样适用。你要想钓三文鱼这类鱼，就必须去海钓。想要在小河沟或私家鱼塘里钓到三文鱼，纯粹是在浪费时间，即使你把水都抽干了，也不可能达到预期的结果。

这和选择行业、赛道是一样的，虽然你已经很努力、很勤奋了，但是在选错的事情上，即便付出再多的努力也获得不了比较高的回报，有时候努力在选择面前一文不值。

另外，有些成功赚到钱的人往往也会陷入一个误区：觉得自己现在之所以成功，完全是因为自己的能力强、够努力。当然，我们不能否定这些人战术上的勤奋和技术上的能力，他们在各方面的能力都远超普通人，但在大多数情况下，他们会高估自己的才华，忽略时代给自己带来的机会。在我所认识的小有成就的人里，大部分之所以能赚到钱其实是因为选对了行业，抓住了时代红利和机会，正是所谓的时代红利和机会放大了他们的能力和努力，让他们赚到了自己的第一桶金，积累了行业认知、人脉和资源，慢慢形成自己的壁垒。

互联网上流传着一句话：没有所谓的马云时代，只有时代中的马云。所谓的成功，往往都是时势造英雄的结果。我在"你为什么赚不到钱"这篇文章中写过一句话：抓住时代红利和选择一个适合自己的好赛道，才是一个人能赚到钱的真正原因。

那么，我们在选择行业和赛道的时候，应该注意什么呢？以下两点是我的经验之谈。

选择顺应时代，并且未来 3 ~ 5 年有红利的行业。

个体的逆袭离不开时代赋予的红利。不管你是谁，都应该尽可能去选择那些顺应时代，并且未来 3 ~ 5 年有红利的行业。我们都知道任何行业或技能，在不同的时代背景下都具有周期性，大致分为种子期、成长期、爆发期、成熟期和没落期。

比如，公众号在 2012 年问世的时候，大部分注册账号的人都是在博客搞创作的人，他们根本没有把公众号当成一个能实现商业变现的平台，普通人更不可能嗅到这个赛道的商业价值。这个阶段属于行业的种子期。

2015 年前后，公众号迎来海量创作者，他们嗅到了行业的商业价值，发布了原创或非原创作品，只要内容做得不差，并稍加一些用户增长手段，就能吸引大量用户的关注，进而在行业里混出名堂。这个阶段属于行业的成长期和爆发期。

2018 年前后，公众号迎来成熟期并步入巅峰，平台商业模式成熟，不管是靠广告变现还是靠知识付费变现，众多公众号号主赚得盆满钵满。同时，随着行业红利的消失，在这个阶段想要做出一个非常具有商业价值的账号，已经变得比较困难。

到了 2023 年，在抛开现有行业资源的前提下，业内没有人敢说自己能从零开始做出一个成功的账号。因为时代变了，公众号的红利增量放缓、基本被消耗殆尽，消费者获取信息的需求慢慢转向短视频，现在是短视频的天下。

又如，10 多年前 PC 互联网流量见顶，2009 年移动互联网的浪潮正式到来，工业和信息化部为中国移动、中国电信和中国联通发放了第三代移动通信（3G）牌照，这标志着中国正式进入 3G 时代。随后安卓和 iOS 手机系统开始崭露头角，在这个阶段，国内很多企业开始布局移动互联网，各种行业和赛道的 App 如雨后春笋，直到微博、陌陌、微信等产品的推出，移动互联网迎来真正的爆发期。

这波时代红利也带动了程序员这个职业的繁荣。各家培训机构摩拳擦掌，有的靠教授各项程序开发技能获利，有的靠所学技能改变命运。但到了 2023 年，程序员行业较从前明显饱和，培训机构也大不如当年火热。

所以，一个行业或赛道在刚兴起的时候，大部分人都不太可能从中获取到机会，反而是那些初具规模、处于成长期的行业有极大发展的可能性，因为此时大众已经能从中窥探到行业的未来走向和基本商业价值。

在行业具有周期性这个不可违背的规律下，我们应该尽可能去选择一些顺应时代，并且未来 3 ~ 5 年有红利的行业。

那么，我们该如何正确判断一个行业是否有红利呢？

（1）看数据和规模。

有媒体报道，2021 年中国知识付费市场的规模达 675 亿元，较 2015 年增长约 42 倍。

知识付费这个市场的规模逐年递增，本质上是因为自媒体行业的发展催生出了各种各样的知识博主，他们发布的不管是文章还是视频,都有意或无意地制造出了某种焦虑,如同龄人正在抛弃你、你不理财财不理你等,这自然而然就会影响大众去关注自身的成长,知识付费也就成了一种商业模式。

所以,想要判断一个行业是否有红利,可以观察这个行业近几年的市场规模变化。很多行业数据都是可以通过公开资料查到的,只要我们稍加留意就不难发现。

我们还可以通过很多平台获取优质的资本市场动向信息,如老牌媒体虎嗅和 36 氪等,这些平台发布的内容大多是科技、金融、房产、互联网、股市、商业科技等资讯,是比较优质的信息获取渠道。

(2)多关注有结果的人。

互联网上有各种各样的博主,他们都是在各自领域做出成绩的佼佼者。多关注这些人,多读他们的文章,多看他们的直播和短视频,你总能从中找到一些能启发自己的思路。

跟着那些已经做出结果的人学习,因为结果不会骗人。

选择你喜欢且擅长的行业。

做任何事情,都需要以兴趣为导向。因为很多事情要想做出成绩,是需要时间沉淀的,在这个过程中,如果没有强大的内在驱动力,我们就会很轻易地选择放弃。如果你选择一个自己喜欢且相对擅长的行业，从一定程度上来说就可以减缓自己遇到困难时想要放弃的心理压力。

不管选择从事一个行业还是选择做一件事情，前提条件一定是自己喜欢。懂得为自己的兴趣付出大量的时间，把兴趣转化成一种擅长的能力，这非常重要。

想超越 90% 的同龄人，要相信周期价值

上节说到要尽量去选择有红利的行业，但是这里面存在两个问题。其一，有些人没有能力或机会去找到红利行业；其二，在多数情况下行业红利是具有周期性的，一般维持在 5 年左右。

当今社会，我们都想快一点成功，以致很多人走入了盲目的误区。在自媒体行业，很多圈外小白看到有些博主因一篇文章涨粉几万人、十几万人，因一条短视频成功破圈，每年收广告费收到手软，就会产生一种如果自己去做应该也能做到的幻觉。于是他们报名各种课程、注册各种平台账号，结果还没等听完课程，就发现学习太"反人性"了，坚持不下去。这类人称得上是典型的跟风却发现自己没有耐心、执行力跟不上的人。

另一类人虽然能把课程全部学完，该写的文章、该拍的短视频也都不落下，但是新媒体是一个做内容且需要长期坚持的行业，这类人激情澎湃，坚持一两个月后，发现并没有得到正反馈，于是就"歇菜"了。在内容行业里，只有少数人能坚持撑过枯燥期。

我在做自媒体相关培训的时候就意识到了这个问题，对于很多圈外人来说，他们在进入一个全新的行业时，其心态和预期都是不正确的。他们只看到了别人眼前的数据和成功，却没有看到他们成功之前都付出了哪些努力，又失败了多少次。

我在"如何提升你的赚钱能力"这篇文章中说过："当你选定了一个行业或赛道的时候，想要在这个行业或赛道里做出成绩，应该持有的健康的预期和正确的心态是，学习并积累能力，而不是把赚钱放在第一位。"

选行业和赛道不应该只是为了赚"快钱"，而应该是为了追求周期价值、积累可以复用的能力和认知。

仔细观察你会发现，不管是自媒体行业，还是其他任何一个热门赛道，那些跟风入场的人都是在这个行业处于爆发期或成熟期才看到机会的。比如，2020 年基金大热，很多人都赚了大钱，但是当菜市场的摊贩都开始谈论基金的时候，其实就说明基金行业已经发展到了周期的末端。事实证明，自 2021 年起，投资市场的行情急转直下，很多投资小白哀鸿遍野。又如，淘宝无货源、外卖 CPS、无人直播等很多小项目，基本上都是在发展到成熟期的末端才被大众看到。

在行业没落期，普通人入场，结果一般只有两种，有的凭运气能赶上最后一波红利，体验一把坐过山车的感觉，但短期内他们并不能积累什么能力，随后各项数据会断崖式下滑；有的则是竹篮打水一场空。只有那些徘徊在周边领域，拥有一定认知和能力的人，能通过开展培训项目的方式收割一波小白用户。

那些在行业没落期入场的人，只有潜心修炼硬实力，并且不断思考和迭代升级，才有可能度过没落期，迎来行业的爆发期。

比如，在众多口播知识类短视频账号中，有一位知识博主——商业小纸条，他曾是一名电视台的记者，后来辞职创业，当时公司的业务重心是围绕创业圈来展开的，主要的推广渠道是微信。直到后来关注到短视频，他才开始思考：对于新兴的短视频平台来说，获得流量的难度会不会比竞争已经进入白热化的微信平台更小一些。于是 2018 年 6 月，他发布了第一条短视频，4 年之后，我去翻看他的短视频账号主页，发现其粉丝数已经突破 1600 万。公司规模也突破上百人，他的事业可以说蒸蒸日上。

　　所以我们应该选择去追求周期价值，积累可以复用的能力和认知，而不是为了赚"快钱"去做一些在短期内不能给自己带来太多价值和成长的事情。当然，所有的经验都是成功之后的总结，不管是机缘巧合，还是刻意积累，总之这些成功人士都验证了一个规律：相近行业的经验、能力及认知，都是可以复用的。

圈子从来都不是混进去的

圈子决定你的眼界和格局

我的一篇文章里写过：一种人只能被"种植"上同一种人的思想，而我们从小被"种植"的，就是父母给我们灌输的思想，这些思想有好的也有坏的。在大多数情况下，一个普通人的父母大概率也是普通人，想要快速成长，这个人要做的是不断地优化自己的成长环境，而不是继续受父母老旧观点的影响。

每次回老家我都会发现，很多当年的同学大都不满足现状，不甘于在小城市一直过平庸的生活，但又不知道如何改变。其实我非常能理解他们的这种心态，他们不是没有了斗志，也不是能力不够，只是时间久了被所在的圈子磨平了棱角。

冠军能不断地打破世界纪录，一部分原因是竞争对手的追赶。处在一个没有比自己强的人的圈子里，我们是不会成长的，我们的眼界和格局是由自己所处的圈子决定的，所以让自己置身于一个好的圈子里至关重要。

其实每个行业都是这样的，圈外人看到的都是表面的现象，圈内人看到的才是内在的逻辑。比如，做私域运营的人需要每天在朋友圈发一些基于业务相关的思考或感悟，甚至经常配上自己的自拍照。这时候圈外人就会认为这个人怎么天天在朋友圈发长文，还很自恋地附上这么多自己的照片。其实这就是圈内人和圈外人的认知差异。这种想法很肤浅，很多时候我们不能用个人视角去评价别人的做事方式，任何人都是如此。

持续大量曝光自己对于一个做自媒体的商业个体来说，是一件非常重要的事情。在朋友圈持续表达其实是在打造自己的个人IP，是在积累用户的信任，发一条朋友圈其实和写一篇公众号文章、拍一条短视频逻辑是一样的，都是为了通过表达自己去塑造人设，同时也是在做用户筛选。

找到优质的圈子

让自己尽可能地进入一个优质的圈子至关重要，在这样的圈子里待久了，你自然会学习到很多颠覆自己认知的内容。当然，并不是说进入大城市就意味着一定有机会成功，也并不是说来到大城市之后就能真正地融入进去。成为大城市的螺丝钉，被大城市的浪潮拍打在沙滩上，也是大概率事件。

所以，并不是每个人都适合在大城市奋斗，人生的最终目标也并非全为了赚钱。我并不想写一些鸡汤式的文字，去鼓吹大家一定要去大城市发展，但是如果有机会的话，我们能往前挤就尽可能去挤一挤，融进大城市那些优质的圈子，即便最后失败了也没关系。最怕的就是，这个世界有很多种可能在等着我们，我们却不为所动。

很多互联网博主都在强调圈子的重要性，都在告诉你要想快速成长，就要找一个高质量的圈子，并得到贵人相助。缺乏独立思考能力的人乍一听觉得他们说得非常有道理，认为这就是大佬们所说的给自己的人生加杠杆。但这些所谓的圈子理论都是非常片面的。

虽然每一个大佬都需要左膀右臂，但是如果你认为通过花钱进入几个高端社群就能混入富人圈，那么未免对混圈子的理解太肤浅了。到底有没有真正融入圈子，这时候就需要打一个大大的问号了。其实进入圈子和融入圈子完全是两码事，有能力的人根本就不需要混圈子，有人会主动把他邀请进去。

当你把混圈子视为自己实现人生逆袭的捷径时，你的人际关系往往就会功利化，那些真正的大佬的嗅觉都是很灵敏的，你的一言一行背后的目的他们都能"嗅"到，只是不说破罢了。想借到别人的"势能"，前提条件一定是你能给别人带来额外的回报，这就是混圈子的真相。所以，圈子真的不是混进去的，而是你有能力之后，自然而然地走进去的。进入一个高于你现阶段层次的圈子，就好比进入了一个新的阶层，这是相当有难度的。

我们需要做的就是不断提升自己在行业里的能力，修炼自己的核心竞争力，成为行业里的顶尖人才，这样一来你才能有和别人进行价值交换的机会，才能获得更多的资源和话语权。

混圈子的心态

不管是有资源的大佬还是普普通通的小人物，大家或多或少都希望通过混圈子来获得一些自己想要的，但有时候过于功利的心态会导致我们把关注点放在那些比自己强的人身上，从而忽视甚至看不起那些在短期内对自己价值贡献不明显的人。

谦虚应该是任何一个拥有资源的人该有的态度，要知道成功都是暂时的，所谓的牛人也是从小人物成长起来的。任何人际关系的产生虽然都基于价值交换，但在所有的行业圈子中，我们不应该对个人实行"明码标价"。

新版电视剧《三国》里曹操说过一句话：

你又怎么知道，今天的无名之辈，来日会不会名震天下？

职场逆袭，你必须拥有"叛徒思维"

在一般情况下，大学毕业两三年内，基本上看不出每个人之间的差距有多大，彼此都还会经常联系，大家的经济收入也不会有特别大的差距。一旦毕业时间超过 5 年，同时毕业的同学之间的差距就会越来越大。从我的观察来看，我目前经常接触的一些朋友大致分为三类人。

（1）小城市职场打工人或体制内的人。

（2）大城市普通职场打工人。

（3）自由职业者或创业者。

身处职场，最害怕的是处于温水煮青蛙的阶段，不敢辞职、不敢冒险尝试另外的可能性，习惯被资本"奴役"，时间越长陷得越深，大概率一辈子也无法从打工的"牢笼"里逃离出来。

第三类人是正在创业或已经实现了财务自由的人。这类人往往选择了一个有时代红利的好赛道，加上个人努力，实现了环境迁移，过上了相对富裕的生活。他们经济实力雄厚，有抗风险能力。

每个人的职业发展不同的原因有很多，但其实想要拥有更多的可能性，我认为要对工作有一个正确的认知，具体有如下 3 点。

（1）积累认知、能力的过程。

我在上大学时，专业设置是没有自媒体相关专业的，所以，从事自媒体行业后，所有的行业认知和技能都需要自己摸索。当下较热门的岗位，如运营、产品经理、短视频、直播等，大学也都没有特别对口的专业。对于行业的一切认知和技能，我也都只能在真实的职场环境中学习和积累。

入行新媒体的第一年，我没有任何的头绪，只知道闷头写文章，对于要做什么样定位的账号、读者喜欢什么样的内容，标题怎么取等，根本没有一套成熟的方法论，对于行业的认知基本为零。大学毕业后进入一家互联网公司，在前辈的指导下我才发现，原来一个行业的门道这么多，经过半年到一年的学习，我对新媒体行业有了认知，也通过在这个过程中所做的事情慢慢地让自己的能力得到了积累。

不同的思维自然会造就不同的人。一部分人只会觉得自己是在给老板打工，只看重眼前利益，从来没有坚持长期主义，一直在做等量的交换，缺乏主动性。这导致他们从来不做长远规划和付出具体的行动，一直做着一份只能拿固定工资的工作。

另一部分人则认为他们是在给自己打工，他们在职场上所积累的认知和能力都是自己的。当有一天离开公司的时候，他们不仅赚到了一些钱，还积累了很多经验，这些经验能让他们在未来找到一份薪资更高的工作，甚至有创业的可能。

当做一份工作是为了积累认知、能力，而不是仅仅为了赚到一份收入的时候，你会有突飞猛进的进步。

（2）积累资源的过程。

很多大学毕业生在刚找工作的时候，往往都会把薪资放在第一位。如果同时收到两家公司的入职通知，他们则会直接选择薪资更高的一家，而不是先考虑哪家公司的发展前景更好、老板的背景实力更强、在哪家公司工作能获得某些方面的资源或成长等，再做选择。

并不是每个人一毕业就有创业的能力，企业是需要认知和能力的积累的，当然更重要的还有资源的积累。比如，很多销售人员一旦积累起自己的一批核心客户，就完全有可能单干。我的一位做了四五年门禁系统销售的朋友，在积累了一大批客户资源后，自己创业，招人做系统开发、自己找客户销售，做得越来越好。

所以，工作的目的一方面是积累对这个行业的认知和能力，另一方面是刻意积累未来所需要的资源。

（3）短暂的过渡。

如果你是一个有志向的人，想要多赚一些钱，就不要只为了赚取一份单一收入而工作，要在工作中有意识地去增加自己的不可替代性，让自己成为这个行业的顶尖人才或专家。如今在大部分职场环境中，很多岗位的替代性其实都是非常强的。不管是设计师、程序员、编辑，还是产品经理，任何一个岗位都不是缺了谁就运转不下去的。

所以，你要让自己在职场上保持一种饥渴的状态，通过自己的努力把一件事做到只有自己能做好，其他人根本插不上手的程度，这时候你才算积累了自己的核心竞争力。否则身处职场的我们永远没有安全感，永远处于被动的状态。

当进入一家公司工作后，你就要意识到这份工作仅仅是一个短暂的过渡。这是一场"升级打怪"的游戏，获胜的关键在于你能在有限的时间内，学到更多技能，获取到更多资源，给自己的未来铺路。

　　虽然求稳并不是一件坏事，但是要想得到更多，我们在职场上就一定要有"叛徒思维"，这是两种不同的处事态度，没有谁对谁错，只是个人的选择而已。但我们都需要知道的是，在任何一个时代，打工只能解决温饱，创业才有可能实现财富的爆发式增长。

我劝你立马远离这些人

物以类聚，人以群分。你是什么样的人，大概率就会混在一个什么样的圈子里。同时，你所在的圈子又会对你产生潜移默化的影响。我们的行为、决策、选择、喜好，甚至认知程度，基本上都会受到圈子里的人的影响。

不管是在工作中还是在生活中，我们和圈子里的某个人交往得越频繁，越能受到对方的影响。所以一定要掌握筛选社交关系的主动权，应该尽可能和那些能让自己成长、对自己有积极正向引导的人交往。

更重要的是，要学会适当远离那些一直消耗我们的人。

远离总是打击你的人

近几年网上频繁出现一个叫 PUA 的词汇，是指一种通过频繁打击一个人来实现对其进行精神控制的手段。PUA 其实随处可见，职场 PUA、情感 PUA、校园 PUA，甚至在家庭中也存在着 PUA，只是大多数人没有发现而已。

比如，在职场上，领导总是以业务能力不足等问题对你实施打击，不断否定和贬低你付出的努力，让你觉得自己一文不值，渐渐地你就会产生自我怀疑，否定自己的价值，进而觉得能进入这家公司是一种福气。

职场 PUA 通常对刚进入社会、对职场没有经验的新人非常奏效。随着职场 PUA 的广泛普及，人们对这个概念的判断开始变得模糊起来，有时候可能只是因为工作出现了差错，被领导批评了一顿，有人便觉得自己被 PUA 了，这显然不是一个成年人该做出的判断。

要判断是否遭遇了职场 PUA 其实很简单，只需要看对方对你进行打击是为了让你更好地完成工作，还是为了他的一己私利。有时候其实并不是你做得不够好，而是你的领导想通过对你的打击来引起老板和其他同事的注意，进而巩固自己的地位或显示自己的优越感。你只是他的工具，他通过你这个工具来为自己贴金，所以但凡遇到这种人，你就应该远离。

除了职场 PUA，情感 PUA 也非常需要我们时刻保持清醒和警惕，千万不要陷入对方的情感操控之中。

语言的打击就像一枚无形的炮弹，如果有人一直对你的生活狂轰滥炸，那么他总有一天会瓦解你的自信，甚至摧毁你的整个人生。当遇到那些总是打击你的人，千万要记得及时止损，尽早远离。

不过，为什么总有人会被 PUA 呢？其实这是因为我们自身不够自信和强大，当我们懦弱、卑微、不相信自己的时候，这些精神"施暴者"往往就有了可乘之机。

远离只是手段，认清自己、相信自己才是让我们变强大的终极武器。

远离见不得你好的人

说起嫉妒，这算是人的共性了，我们每个人或多或少都会有嫉妒心理，只要自己稍微落后于他人，就难免会出现心理不平衡。

有意思的是，我们嫉妒的对象往往都是自己的朋友、亲戚或熟悉的同事，不会有人拿自己和那些比自己强大很多倍且不认识的人做对比，因为这个世界上有钱人实在是太多了，和自己没关系的人一般都不会影响到自己的心情。

通常情况下，因为对比产生嫉妒，只会存在于两个认识的人之间，并且两个人关系越近，嫉妒心越强。一个人见不得别人过得比自己好，把别人的成功归结于运气往往是因为自己很平庸，同时又不愿意承认自己的无能，他也希望别人和自己一样平庸，于是就通过借口来让自己获得心理上的安慰。

有些人还会把嫉妒变成诋毁和攻击，暗地里做一些损人不利己的事情。记得有一次我写了一篇讲述自己这几年取得的成绩的文章，评论区里很多人都在表示祝福，当然也不乏很多恶语，但更可笑的是，有个同学为了"吐槽"我，还特意用小号留言诋毁我，真是让我哭笑不得。

当一个人由于嫉妒诋毁和谩骂别人时，实际上就已经暴露出了自己心胸狭隘。有句话大家应该都听过：我希望你过得好，但是不希望你过得比我好。这句话足以描述嫉妒这个词，其实说到底还是思维和格局的问题。

在我看来，有嫉妒心非常正常，适度嫉妒可以激发一个人的潜力，促使自己更加上进。但是过度嫉妒会使一个人的内心变得阴暗，做出一些不理智的行为。这类人与其有时间、有精力去质疑和抨击别人，倒不如花时间想想别人身上有什么值得自己学习的地方。当我们遇到这类人的时候，应该尽量远离，同时告诉自己面对别人的优秀成绩，即便做不到恭喜和鼓掌，也不应该有过于嫉妒的心理。

接纳别人的好是一个大丈夫该有的胸怀和美德，我们每个人都应该少去质疑和诋毁别人，多去学习别人身上的可取之处，有这种心态会让一个人非常受益。

远离言而无信的人

成就我们的往往都是一些简单的道理。讲诚信便是其中之一，它是一种美好品质，是人际关系中非常重要的一张通行证，我们都不愿意和一个不讲诚信、做事出尔反尔的人做朋友，因为一旦和这种人有过多的交集，我们就会被欺骗和利用，甚至也会变成言而无信的人。

当向同事或朋友借钱的时候，很多人总是会拍着胸脯承诺一定会在约定的时间内还钱。但是在大多数情况下，即便到了约定的时间，很多人也会选择一拖再拖或避而不见。一个人偶尔这样做大家也能理解，但是一而再再而三出现类似的不守信行为，真的会消耗掉大家对他的信任。

令人费解的是，明明是借对方的钱到期后没按时还，却还用所谓的朋友关系进行道德绑架，他们一般会说："你又不缺钱，用得着这么急吗？""催那么急有意思吗？"他们字里行间不但没有还钱的意思，还有再"讹"一笔的预谋。这类人从来不会明白比钱更值钱的其实是诚信。

诚信不管是在生活中还是在工作中，都是一样重要的，如果在商业世界里存在着信任消耗，那么我们不仅不能把眼前的生意经营好，未来还可能损失更多的商业机会。

所以，当我们遇到不讲诚信的人时，应该早一些看清楚他们的真面目，尽可能不要让自己吃亏，更要告诉自己，保持真诚，从我做起。

远离充满负能量的人

我并不是特别积极向上的人，夜晚，我大多会由于思考自己的生活和工作变得情绪低落。没办法，我想我的性格底色就是悲伤。但当第二天早上看到朋友圈的创业者们一个比一个有激情时，我顿时会被这种充满正能量的工作态度所感染，打起精神来面对接下来一天的工作。

能量是一种看不见、摸不着的东西，但又是真实存在的，并影响着我们每一个人。不管是好的能量还是坏的能量，都是可以通过人"传染"的。

那些总是带着负能量的人，他们会习惯性地放任自己沉浸在低落的情绪中，时常把抱怨挂在嘴边，把自己得不到某个结果或做不到某件事情归结于外部因素。比如，职场上总有人抱怨同岗位的同事晋升的速度比自己快，可他们除了抱怨，却从来没有付出过应该有的行动。如果和这类人长时间待在一起，那么你也会不由自主地被影响，和他们一样怨天尤人。

而那些性格阳光的人，每天活得都很开心和积极，仿佛任何一件事情在他们看来都不是事儿，如果经常和这样的朋友待在一起，你就能被他们的激情和能量所感染。

虽然大部分人都很讨厌鸡汤式的文章，但不可否认的是，这些文章确实能让一些有负能量的人做事更有动力。同样，当身边都是充满正能量的人，我们自然也会被他们所影响。

我越来越觉得，好的圈子和好的环境最重要的作用是能让自己成长和感到舒服。我们在生活和工作中遇到的任何一个人，都会对我们产生非常大的影响，所以主动选择和那些不消耗自己、不否定自己、不给自己的生活和工作添乱的人交往是一件值得我们重视的事情。交情是短暂的，该放弃的，我们真的没必要拖泥带水。

什么样的人能年收入百万元

互联网上存在的信息中有很多是烟幕弹，特别是那些短视频里所展示出来的内容，很多都是哗众取宠、博人眼球的，不仅分散你的注意力，还会让你变得焦虑。有人一顿饭的花销相当于你一年的收入，有人日入十几万元，更让你相形见绌。

其实这就是典型的被算法操控产生的错觉，因为目前一个人想要年收入过百万元是非常困难的一件事。

一般有两类人能达到这个收入水平。一类人年龄为 35 ～ 45 岁，有较高的教育背景，是大公司核心岗位的技术人才或企业高管。这里所谓大公司是上市公司或准上市公司，要不然就是正处于行业红利期、行业发展良好、顺势起飞的公司。比如，前几年的房地产行业、金融行业、医药医疗行业、互联网行业，受各种因素的影响，企业得以迅速发展，也造就了一大批年薪百万元的高管。

这类人年薪能达到百万元，不仅靠自己的实力和背景，与企业良好的发展也息息相关。他们年薪能达到百万元，就意味着自己的大部分时间都要为公司服务，每天工作超过 10 小时都有可能，并且他们能给公司创造更大的价值。

另一类人是指那些个体创业者，如自由职业者、独立律师、知识博主、网红，他们通过自己选择的赛道、努力、运气等，实现年收入百万元。比如，深圳宝安区一个直播卖炒粉的网红，用炒粉作为吸引观众的内容，几年下来不仅开了好几家店，还实现了年收入百万元。这类人时间自由，不受任何一个公司或组织的约束，靠自己就能实现财富的暴增。

总之，能年收入百万元的人，要么是企业的高管或"打工皇帝"，要么是个体创业者。不管是通过什么方式实现年收入百万元，实力也好，运气也罢，他们都是社会的佼佼者。我是一个个体创业者，这些年的创业经历让我感受到年收入百万元的人身上基本上都有 3 个共同点，下面我依次展开来说。

专注和聚焦

不管是年薪百万元的高管或"打工皇帝"，还是年收入百万元的个体创业者，他们都在一个行业里深耕了很多年，专注和聚焦一个行业，从一个行业小白进阶为一个行业大佬，这是他们能成事的核心原因。

我身边的很多个体创业者，不管是做自媒体的还是做电商的，在刚进入行业的时候并没有赚到多少钱，但他们与自己所在的行业"死磕"，他们相信行业的机会总有一天会降临在自己身上，于是他们不断地精进自己的能力，积累自己的资源，他们是真正的长期主义受益者。

其实做成任何事情，道理都是一样的，如果无法长期保持专注和聚焦，在一件事上付出时间和精力，而是三天打鱼两天晒网，自然就不能得到想要的结果。

我在大学毕业之前，就一直在从事自媒体相关的工作并创业，没换过行业，即便看到其他行业更赚钱，我也依然保持对自媒体行业的专注和聚焦。反观很多职场打工人，一年能换 3 ~ 5 个不同的行业，哪个行业薪资高就跳槽到哪个行业，虽然从短期来看这能让他们获得高于过去的收入，但长期来看无法沉淀自己，他们看似懂很多行业知识，实际上不具备任何一项有竞争力的优势。

频繁换行业只能让他们一直扮演着打工人的角色，一直依附于某个公司赚取薪水。想要实现收入的暴增，普通人光靠职场打工根本就没有机会。

管理大师博恩·崔西说："只要专注于一个领域，5 年可以成为专家，10 年可以成为权威，15 年就可以成为世界顶尖。"专注和聚集的力量是强大的，如果做事总是三分钟热度，那么你不可能有任何收获。

成功需要坚持，有人会说，自己坚持了，也没有成功，那也许是你并没有坚持多久，你只是看到别人赚钱了，并没有看到他背后付出的时间和精力。你若带着一种投机取巧的心态想要赚"快钱"，结果往往都不可能如愿。那些赚到钱的人，特别是年收入百万元的人，都是能把一件事坚持做下去并做到极致的长期主义者。在一个细分领域里保持专注和聚焦，做时间的朋友，就能形成自己的优势和壁垒，这是成功者必备的优秀品质。

从事一个朝阳行业

任何行业其实都是存在周期性的，只有长、短的区别。10年前轻松赚钱的行业放到今天，可能因为时代的变化、需求的降低、平台的落寞等，会走向不赚钱或不那么好赚钱的境地。

有一本书叫《雷军：在风口上顺势而为》，这本书主要讲述的是，互联网时代，烽烟四起，小米科技的创始人雷军在不惑之年领悟到了"顺势而为"的重要性，并牢牢把握住时代的脉搏，站在风口上重新开始，从 0 到 1，创造了小米神话。

这本书的内容概括起来其实就三句话，三流企业做事，二流企业做市，一流企业做势。就好比山顶上有一块石头，我只要顺势踢它一脚，就可以让它自己滚下去。由此可见，不管是企业还是个人，懂得抓住趋势并顺势而为，是获得成功的重要因素之一。

大部分人之所以能在一个行业里赚到大钱，无非是因为他们所从事的行业是一个朝阳行业。除了抓住趋势，还要顺势而为，但是如果只是把顺势而为理解为等风来，那未免太表面、太肤浅了。在我看来，个体要想借助行业的红利顺势起飞，就应该推着石头上山，修筑大坝蓄水。有不少人处在一个有红利的行业当中，由于缺乏主动性，导致自己身处金矿却不自知。

非常幸运的是，我在一开始就选对了自媒体这个有红利，并且适合自己的行业，它可以说改变了我的命运。做公众号的博主早期只需要写好日常文章，就能靠广告业务赚得盆满钵满。但是到了 2023 年，大部分用户的注意力被短视频所抢夺，他们不再愿意看长篇大论，于是基于公众号生态的自媒体业务开始急剧下降。

这时候老一批的自媒体人想要实现破局，唯有尽早顺应时代，去短视频生态开辟出一片新天地，不然随着时代的变迁，微信生态的自媒体创业者只能被时代抛弃。

每个人的赚钱方式都不一样，都有不同的场景。如果所在的场景是一处金矿，那么你只需要带着铲子付出劳动就可以不断地挖出金子。如果所在的场景是一片沙漠，那么不管怎么忙活，付出多少努力，你最终也只是在浪费时间。

行业的周期性同时也在提醒我们要居安思危，当一个行业处于不可逆转的颓势时，我们就应该把大部分的时间和精力投入到新的行业和赛道上，尽早在另一个领域尝试出小结果。比如，今天的公众号已经算是日薄西山的行业了，如果我们一直不做出改变，那么势必会受到路径依赖的影响，从而错失很多机会。

对于相信长期主义的人来说，有时候宁愿在一个朝阳行业里赚一分钱，也不愿一直依赖在夕阳行业里赚一元钱。

能给贵人带来价值

我并不是一个能力很强的人，在自媒体行业这么多年，之所以能取得一点成绩，是因为有贵人相助。一个没有任何资源的普通人在踏入职场的时候，想要靠自己的努力打拼出未来，其实难度是非常大的。而找对平台、跟对一个有机会能让自己实现倍速成长的老板，则会让自己的事业一马平川、顺风顺水。

有贵人相助的人和没有贵人相助的人，他们的未来发展是有天壤之别的。善于借助杠杆的人要比只埋头做事的人更容易成功。

但是借力并不意味着走捷径，更不意味着完全靠别人。总把自己的失败归结于没有贵人相助，这种思维显然是极其狭隘的。所有在职场上披荆斩棘、快速晋升的人，无不是建立在自身能力和业务水平足够好的基础上的。

那些赚到大钱的人并不是一夜成名、一夜暴富的，他们背后大多都有贵人相助。他们也很清楚贵人是没有义务去无私帮助一个人的，贵人之所以帮助自己，无非是看到他们身上具备某种成事的特质。更多时候，贵人把帮助年轻人当作一种投资行为。

这世上根本就没有所谓的怀才不遇，想要贵人相助，就要先让自己变成自己的贵人，让自己具备吸引贵人的特质，让贵人看到自己身上的价值。只有这样，你才有可能借助贵人来"放大"自己的能力。我在自媒体这个行业创业，恰巧跟对了老板，是老板给了我一定的扶持。但是他之所以帮我一把，是因为我是不可多得的人才吗？当然不是。而是因为他信任我，觉得我能把一件事情做成，并最终有可能给他带来回报。

事实上也正是如此，利用老板的资源，我不仅赚到了自己在自媒体行业的第一桶金，还为自己未来的独立创业打下了坚实的基础。同时，我也给他带来了百万元以上的利润回报。

当然，除了让自己具备吸引贵人的特质，还要懂得感恩，这样贵人才会更加愿意帮助你。这里的感恩并不是指金钱回报，而是指你要让贵人觉得帮助你并不是一种浪费时间的行为。如果你只是一味地向贵人索取资源，从来不会主动回报对方，那么也只能得到贵人短暂性的帮助。其实设身处地想一想你就知道，如果一个人一直想从你身上获得资源和好处，却从来不会主动回馈你，那么你还会乐意帮助他吗？

总之，一个普通个体想要实现财富的暴增，除了保持专注和聚焦、从事一个朝阳行业，还要能给贵人带来价值。

普通人改变命运的秘密

改变命运本身就是一个非常宏大的词汇。但落在个人身上，又是那么的务实和具体，就当下来说，无非是如何实现草根逆袭，如何赚到更多的钱，如何过上更好的日子。

我认为改变命运是一种对个体能力和品质的考核，况且人的能力和品质在不同时期会受各种外部因素的影响出现强弱对比明显的情况。比如，有些人在学生时代成绩很拔尖，但当真正进入社会这个大染缸的时候才发现，自己其实也只不过是芸芸众生中的普通一员；有些人从小调皮捣蛋，向来不遵守规则，甚至学历不值一提，却照样能在时代的背景下混得风生水起。

把应试教育考试当成对一个人智力的测试，显然是不符合逻辑的。有些人从小接受的教育和所处的成长环境，就允许他们有更多机会去做一些能抓住时代红利的事情；有些人即便经过多年的社会再教育，也只能从事一些传统又简单的工作。

关于普通人如何改变命运，这是一个没有标准答案的问题。它是一个由多种因素组合得来的结果，选择、努力，抑或运气，缺一不可。在没有资源、背景、人脉，甚至基础资金的前提下，想要为自己的人生开路，获得更多的可能性，我认为要具备两个必不可少的因素，一是积累行业所需要的实用技能；二是要有知行合一的品质。具体可分为如下几点。

终身学习，持续成长

德国人克劳修斯和英国人开尔文提出过一个理论叫熵增定律，也叫热力学第二定律。它的物理描述是，热量从高温物体流向低温物体是不可逆的，孤立系统熵只能增大，或者不变，绝不能减小，最终达到熵的最大状态，也就是系统的最混乱无序状态。

这句话不是很好理解，换一种简单的表述方式其实就是，一个独立的系统，如果不持续向其中输入能量，那么它会面临"死路一条"。比如，你的办公桌如果不收拾就会越来越乱；炭炉如果不添加炭火就会熄灭；人不吃饭就会饿死。所有系统都自带自毁模式，世界万物都会走向消亡，这种不可逆的趋势就叫"熵增"。

熵增定律揭示，消亡是无法改变的事实，那我们应该怎么办呢？我们想要维护系统，能做的只有在有限的时间内对抗熵增，延迟消亡。也就是我们需要持续地向系统输入能量，和时间赛跑，减缓消亡的速度。

打个比方，刚被种下的一株小树苗，要想存活，需要源源不断地从外界获取能量，如阳光、水分、肥料等。在四季更替的过程中，它会生根、发芽、长出树干、开花、结果，不断地进行新陈代谢，最终长成参天大树。人和树的发展一样，要符合自然规律，持续输入能量。

当然，人除了需要物质方面的能量，还需要用信息、知识、认知来武装大脑，从而更加从容地过好一生。但是很多人的生活状态是拒绝接受新事物，拒绝输入新知识，也不敢挑战自己，一直依赖过去的存量经验工作和生活。如同炉子里的火一样，如果不持续添加柴火，最后就会慢慢熄灭。

很多人都会认同：刷短视频不知不觉两个小时就过去了，但是看两个小时的书或背两个小时的单词，那简直能用如坐针毡来形容。其实就是因为前者在顺应人性，这个过程中不需要思考和付出任何努力；而后者需要付出一定的时间和精力，是在对抗人性。一般来说，对抗人性基本上都不可能让人感觉太舒服。

所以要想对抗人性，甚至在有限的时间内掌握人性规律，我们就要比别人付出更多的时间和精力，给自己持续地输入能量，而对于成年人来说，需要持续输入的能量指的就是新的知识、新的认知、新的信息。

现在很多人都在抱怨行业内卷，竞争压力大，这当然是一个事实，但他们中的绝大部分在工作中或在生活中都没怎么认真努力过，更没有主动过，只是在接受工作或生活的摆布。当然，很多人曾经努力过，但仅仅是曾经，这个世界本来就不存在一考定终生，当我们发现一场绝大多数人都会参加的考试并非一定能改变自己命运的时候，更明智的应对策略应该是相信终身学习的力量。

我从走出校门的那一刻才明白，教育是一种对个体学习能力的测试，是为了培养我们的学习习惯。而多数人在还没大学毕业，甚至高考之后，就已经停止了学习。试问这样的状态，怎么可能改变命运。很多人也没有意识到工作之后的学习一定比在学校时候的学习更重要。

正在看此书的你可以问自己一个问题：你有多久没有完整地看完一本书了？或者你有多久没有认真学习一门课，把一项技能从不会练习到掌握甚至精通了？如果我们在学校不好好学习，毕业之后也不去主动学习，那么谈何改变命运？

付出不亚于任何人的努力

"努力"这个词无论放在何种场景下，都显得鸡汤味十足，但不可否认的是，它是成功的先决条件之一。

"付出不亚于任何人的努力。"日本企业家稻盛和夫在《六项精进》一书中这样说道。他 27 岁创办京都陶瓷，每天都把大量的时间花在工作上，几乎到了快要忽视自己生活的地步，很多员工认为这样无限度地工作是不要命的行为，以人的血肉之躯是没办法支撑得住这种高强度工作的，长此以往，大家必定都会累倒。

针对员工们的牢骚或议论，稻盛和夫后来说了这样一段话。

经营企业就好比参加马拉松比赛，我们是业余团队，没有经过专业的训练。在这样的长距离赛跑中，我们在起跑时就已经被别人落下了。此时此刻，如果还想继续参加比赛，就只有用百米赛跑的速度飞奔才行。很多人认为这样拼命，身体会吃不消。但是，我们在起跑的时候已经晚了，又没有经过专业的训练，缺乏比赛的经验，不这么做就没有成功的可能。如果不能坚持下来，那么还不如不参加这次比赛。

员工们听完这段话沉默了，因为在当时既缺资金又缺技术设备的情况下，如果大家没有做到100%的拼命努力，想要取得成功是绝不可能的，除了努力，基本上别无选择。此后员工们开始理解稻盛和夫，并且心甘情愿地与之奋斗。后来发生的事都如大家所愿，京都陶瓷上市后给员工们都带来了巨额的分红，这样的回报都是当年大家付出了不亚于任何人的努力的结果。

努力这个词说起来容易，但是做起来非常难，在当今的职场环境中，除了老板和个别高管，没几个人能真正做到极限的努力。很多人会说："努力有什么用，再怎么努力也都是在帮老板赚钱，我们就是普通的打工人，工作上不出差错就行了。"

这就是典型的打工者思维，用一份时间换取一份收入，一旦自己多做了一些事情就害怕自己吃亏，觉得老板占了自己的便宜。这种思维大多存在于没什么眼界和格局的人脑中，有这种思维实则大错特错，是在阻碍自己的职业发展。

努力工作，甚至付出超额时间完成更多的工作，表面上是老板占了大便宜，但实际上，这是在给自己的简历打工。因为你在这个过程中学到的各种技能，积累到的各种经验，就算辞职也是可以带走的，不可能被老板格式化。对于职场人来说，努力工作所带来的经验要远远重要于当下的收入。

所以在职场上，真的没必要要求对等的交换。"老板给你多少钱、你就卖多少力气"这种思维，其实是在毁掉自己未来职业发展的可能性，是在拿自己的时间开玩笑，也极其肤浅和短视，完全就是自我限制、自我封闭。

各位读者请记住，付出不亚于任何人的努力，其目的不是让任何人占自己的便宜，而是借用付出得到的成绩获取更多成就自己的机会。比如，当初和我一起写公众号的人很多，大家都处于同一起跑线上，但为什么只有我和少数 12 个人冲出了重围，原因之一就在于我付出了不亚于任何人的努力。

在这个努力只能及格、拼命才能优秀的时代，要想有所作为，就必须做到永不满足，保持对能力、经验的饥渴，唯此，才有可能成功。大道至简，核心在于知道且做到，还是那句被说烂的鸡汤话——大多数人的努力程度之低，真的轮不到拼天赋。

有耐心和有超强的执行力

对于成年人来说，其实大家细品"改变命运"这 4 个字，会发现其中好像暗藏了一种急不可耐的气息，说直白一点就是，人都渴望走捷径。一夜暴富、一步登天、一夜成名，这些浮躁的词汇，在不停地刺激着还在路上的你我。

其实那些能让我们的生活变得更好的朴实的道理，早在一些小故事中有所体现。如龟兔赛跑这个故事，强调的就是做事要有耐心、坚持不懈、目标专一，才有可能取得成功。

我们的命运何尝不是在日常的诸多细节里被悄然改变，浮躁也好，耐心也罢，一个看似不起眼的选择，最终时间都会给予我们应得的答案。20 年前两个人还在一起玩泥巴，彼此的家庭条件和受教育程度差不多，但是 20 年后二者的差距为何能如此之大，原因其实有很多，个人能力和选择是一方面，个人身上的一些品性也是一方面。

我在写公众号文章的第一年，没有读者，没有人认可，有时候把文章分享到朋友圈，还会受到一些朋友的嘲讽，写了一年后，我也才有不到 300 个粉丝，文章阅读量更是寥寥无几。但是我深知这是一条对自己来说正确的路，我不害怕失败，我知道"人若无名，专心练剑"的道理。所以我把那段经历当作练习，当作自己成长的必经之路，当作自己进入新媒体这个行业的入行考试。

别人花一年时间就能有几十万个粉丝，我天资愚笨，那就花两年、3 年，甚至 5 年的时间去做到。很多事情做到其实并不难，难的是没有耐心去做。

在坚持做一件事情的过程中，你会遭受各种委屈，如不被认可、不被理解、不被接纳，甚至付出了很多努力但最后依然得不到任何结果。但是这又有什么关系呢？心浮气躁是成事的天敌，大多数人其实就败在没有耐心，坚持不下去。

除了耐心，超强的执行力对于一个人做成一件事也非常重要。在现实生活中，我们会发现很多人虽然已经把一件事情想得很清楚了，知道这件事应该怎么做，也知道这件事做了之后会给自己带来什么样的回报，但就是一直不行动。我认为一个人执行力不同的原因只有一个，就是想要确定性的答案。

比如，一个人在准备做一件事之前，总会想万一失败了怎么办？失败了那不就是在浪费时间和精力吗？又如，很多人在做一个项目之前，总会有一种依赖心理，总想从别人口中得知这个项目是不是做了就能赚钱。但是天底下怎么会有这种100%确定的事情？即便有也不可能轮到有这种心态的人去做。靠谱的事情有很多，之所以做不成，主要是因为做这个事情的人不靠谱。

很多人都会觉得自己没有成功是因为"差一点儿"，但其实他们差得不止一点儿，他们差得实在是太多了。他们差了几百篇辛苦码出来的文字和脚本，差了无数个说干就干的瞬间，更差了对行业的认知和理解。

改变命运并非一朝一夕，而是需要一个让自己慢慢值钱的过程，而赚钱只是最后的结果罢了。从某种程度上来说，人和人之所以不一样，是因为有人克服了人性中的各种懒惰，有人只是顺应它们而已。

舍弃过去，不断升级圈子

在大学创业开培训班时，我培训了不少对乐器感兴趣的校友，前段时间收到一个学弟的消息，说自己在当地当吉他老师，由于比较努力，现在月薪能达到 2 万元左右，特地来给我报个喜以表示感谢。从言语里我能感受到他的骄傲和自信，我也非常高兴他能靠一技之长超越一部分的同龄人。

在对他的现状表示肯定之后，我对他说："当你感觉自己在朋友当中是最牛的那一个的时候，其实往往就是最危险的时候。"处在一个没有比自己强的人的圈子里，从长期来看，我们是不可能获得持续性成长的。我们身边如果连一个自己向往和羡慕的人都没有，其实就说明我们的成长已经"停止"了，圈子也该更新了。

相反，如果你所处的圈子里都是那些有负能量的人，原本你是一个朝气蓬勃、有欲望、有野心的小伙子，因为在这种圈子里待得太久了，你心中那团想要干点什么事情的火焰也会被他们熄灭。

社交从本质上，其实就遵循两点，一是情感交换，二是利益交换，或者两者叠加。一个人想要持续成长，就必须进入比自己"势能"高的圈子，而在职场上或在生意场上，我们进行社交大部分是基于利益关系，至于能不能产生情感关系，那就顺其自然了。

我有个习惯，就是每个阶段我都会给自己找一个行业榜样，并观察他所有的成长路径。我认为找到一个自己稍微努点力就能"够得着"的榜样，多接受比自己优秀的同龄人的激励，从一定程度上来说会激发我们的赚钱欲望。

人其实都是懒惰的，如果每天都跟一些没有理想和混日子的人待在一起，大概率我们也会变成一个没有追求的人。但如果我们接触的行业圈子里，每个人都特别努力，这种来自同行的压力就会变成动力，也不会允许自己自甘堕落。

有人说，成年人的成长，从失去朋友开始。也有人说，成长就是不断舍弃旧朋友，结交新朋友的过程。这些话虽然听起来没什么问题，但如果认真揣摩，就会发现其实多少有点剑走偏锋。当你变牛的时候，并不应该舍弃过往所有的老朋友，这样未免也太过势利，而应该舍弃主动跟我们断绝往来，甚至伤害过我们的人。

总之舍弃过去那些有负能量、没有价值的圈子，不断升级圈子，对于改变一个人的命运至关重要。

第3章

筛选信息，思维觉醒

请拒绝接收"侵入式"信息

赚钱的秘密，藏在信息差里

如何获取优质的信息差

你的收入，由认知差和资源差决定

不要掉入焦虑的陷阱

请拒绝接收"侵入式"信息

我曾录用过一个新媒体编辑，平时他主要负责公众号的文章撰写和运营工作。有段时间他告诉我，自己白天的工作效率特别低，总是静不下心来写文章，只有到了晚上才有创作灵感，为此感到非常困惑，也不知道是什么原因。

开始我不以为意，以为只是他的个人习惯而已，直到有一天我走到他旁边才发现，原来导致他静不下心的罪魁祸首竟然是他的微信群消息。看着不停跳动的群消息提醒，我问他这么多的群消息为什么不屏蔽掉，而且很多还是和工作无关的群消息。每次一有新的群消息，他就忍不住想点开看一看，怪不得静不下心来工作。

我们每个人多多少少都会加入各种各样的群，但实际上很多群对我们来说都是一种干扰，这些群每天会弹出大量的、无效的信息，甚至垃圾信息，它们会分散我们的注意力，让我们无法静下心来工作和学习。

务必减少对垃圾信息的输入

自移动互联网爆发以来，我们就逐渐被网络上大量的信息所裹挟，带来的结果是，大部分人接收到的信息都是"侵入式信息"，而非主动获取。手机屏上每天都会有各种 App 消息弹窗，平台推荐算法总是比我那啰唆的老妈更加关心我的生活。人与信息的关系很微妙，在养成了被动接收信息这个习惯后，我们既害怕信息不来，又害怕信息乱来，导致我们都被困在了信息里。

错综复杂的信息构成了我们与社会的关系，但其主动权一直被系统掌握，我们是被驱赶和被推着走的一方，虽然各自都有不得已的话要说，但要指望系统做出改变，还我们一片清净，在当下来说多少有点痴人说梦。

所以要解决这个问题，无非是在信息的无序性、污染性、含金量上，我们自己选择怎么去用。毕竟从某些方面来说，我们或多或少对信息获取还是有掌控力的。有段时间我也特别受垃圾信息的困扰，加入了很多群。大家虽然会在群里探讨相关行业的话题，但更多时候，不是闲聊，就是互相吹捧，要不然就是发各种表情包、段子之类的内容。

　　活跃一点的群，消息提醒能响个不停，我又有点强迫症，有消息不点开查看就会浑身不自在，但是及时查看群消息又会对我的生活和工作造成极大的干扰。所以为了解决这个问题，我索性把不重要的群设置成消息免打扰模式，把软件弹窗通知也关闭了。这个动作带来的结果是，我并没有因此错过社会的发展，也没有和周遭的一切断开连接，反倒有了更充足的时间专注于当下的事情。

　　以前信息传递效率不高，我们只能通过报纸、杂志等渠道获取信息。现在互联网快速发展，信息传播的速度大大提高，但同时，那些混淆视听、粗制滥造的垃圾信息的数量也增加了数百倍。获取信息的效率看似很高效，但实际上，我们每天接收的信息都是过载的。

　　如果没有管理好自己的信息通道，我们就会被各种无效信息干扰，我们的注意力和时间也会被分散。所以刻意地去清理和屏蔽一些不重要的群，不去参与一些无意义的话题讨论，不为了几分钱的红包消耗大量时间，是尊重自己的时间的表现。有一个词叫"断舍离"，就是把那些对我们来说不必要的、不适合的、过时的东西舍弃掉，只留下生活必需品。

随着短视频的普及，很多人除了经常使用微信，还会把大量的时间消耗在短视频上。很多短视频为了迎合所谓的推荐算法和完播率，废话越来越多。明明两分钟就能讲完一件事，主播非得对着镜头废话一大堆，说着华丽的内容却讲不清楚事儿。

虽然现在大家获取信息都很方便，但对观众来说，视频传递信息的方式是不高效的。不少博主都在制造废话，把时间都浪费在了兜圈子、费尽心思抓观众的注意力上了。

如果你是一个经常看口播短视频的观众，那么下面这些话你一定都很熟悉。

"我在这个视频里说的都是大实话，花了××钱买来的教训，今天分享给你，建议你点赞、收藏起来。"

"下面我说的这些话，你一定要认真听，但凡做到了其中的一条，你就已经超越身边90%的人了。"

"这个视频可能触及一大部分人的利益，有可能被举报和下架，建议你先点赞、下载保存。"

站在一个从业者的角度，做口播说这些话自然是无可厚非的。观众的耐心是有限的，不加点调味料进去，很多人是没耐心看下去的。站在受众的角度，有时候看完一个视频后，我们会默默认同，并点个赞，继续刷下一个视频。在视频洪流中，我们最终获取到的有用信息很少。

而且很多视频都是新瓶装旧酒，用新词表达旧逻辑，内容毫无参考价值，本质上都是大同小异的废话，用有些博主的话来说，这叫新知。其实懂行的人都知道，他们这是在玩文字游戏罢了，目的就是让观众耳目一新。

除了短视频，直播也是"偷"走时间的罪魁祸首。

先说说娱乐直播间。本质上大家观看短视频直播都是看个热闹，遇到喜欢的主播象征性打赏点礼物也可以接受，但如果沉迷其中，既花时间又花钱，就有点不健康了。网上有个小故事是这么说的：你是砍柴的，他是放羊的，你和他聊了一天，人家的羊倒是吃饱了，但是你的柴呢？

不少娱乐主播就是"情感外卖员"，他们给网民们提供情绪价值，在直播间和发弹幕的网友进行互动，等到下播的时候，他们在意的是这场直播收到了多少礼物，而你既花了时间又花了钱，却只得到了短暂的心理满足。

再来说说知识直播间。和娱乐直播不一样的是，知识直播一般是主播在分享某个领域或行业的知识或经验，我也是知识主播，但一个主播能讲的内容翻来覆去就那么多，而且经常夹杂一些网民们没必要接收的信息。其实不管是娱乐直播还是知识直播，直播间的主播都是功利的，其目的要么是赚打赏的钱，要么是卖课程，进来听的网民都是目标用户。如果真想跟着别人学习，倒不如直接购买一门课，这样的效率才是最高的。

很多时候，人和人的差距就是通过一些小细节拉开的。有些人把自己的信息通道管理得很好，既会筛选出有用的信息，也会吸收它们为自己所用。有些人只会被信息驾驭，被算法"投喂"过来的信息所淹没和消耗，以至于他们无法长时间聚焦某个目标。在这个信息爆炸的互联网时代，抵御冗杂信息的能力本质上就是一种自控力，你是愿意拒绝垃圾信息，还是愿意坚持深度思考，你的选择将决定你会过一个什么样的人生。

在《稻盛和夫给年轻人的忠告》这本书中，稻盛和夫说从很大程度上来说，靠自己成功的富有的人，往往能比普通人更吃苦耐劳，否则他不可能白手起家，你会看到他富有之后还是比普通人勤奋，比普通人能忍受孤独，还更有理想。

热搜和八卦，其实和我们没关系

每隔一段时间，微博热搜上就会出现一些全民热议的话题。这些话题往往又会在几天内进行多次反转。很多人像追剧一样花大量时间去关注话题，整天盼着有劲爆的消息被爆出来。

有人总结这种状况叫"海燕综合征"，意思是一个人天天盼着重磅消息，一天看不到重磅消息，就四肢无力、无精打采、茶饭不思。可能这个解释有点夸张，但实际上有很多人关心网上的热搜。很多自媒体为了追热点、博眼球，也会故意写一些断章取义的内容，让人欲罢不能。

但是网上的这些热搜，和我们有什么关系呢？当然不是说我们不应该去关注这些信息，而是真的没必要过多地关注，可以了解大致内容，如果你通过耗费你的工作时间和学习时间沉迷其中，就得不偿失。

有段时间网上有个全民热议的话题，朋友圈很多人都在刷屏讨论，有人凑热闹，有人愤世嫉俗，我们公司的一些同事在午休的时候也在讨论。其中有个负责短视频项目的同事却说："你们在说什么，我怎么一句也听不懂。"按理说这种全民热议的话题，各种新闻渠道都会推送，基本上有手机的人都会看到，但是这位同事因为忙于工作，愣是没有时间看手机推送的消息，直至事件快结束了她才因为好奇去搜索、了解。

其实，这个世界上有太多的事情都是和我们无关的，很多话题也顶多是我们茶余饭后的谈资而已。我自认为对于信息的过滤还算处理得不错，任何与自己无关的事情，我都不会过多关注和了解，更不可能为此产生情绪。如果一个人总是关注别人的事情，从来不着眼于当下自己的生活，常常因为别人的一句评论就暴跳如雷，因为别人的一件小事就劳神费心，那么到头来结果只有一个，那就是无法掌控自己的人生。

要想避免在无意义的事情上进行自我消耗，可以问自己两个问题：第一，这件事跟自己有关系吗？第二，关注这件事能让自己赚到钱吗？如果都没有，就避免过多关注这件事，多关注自己的生活。

总的来说，现在每天都有大量信息围绕在我们身边，我们习惯了被动接收，但往往这些信息大多都包含了能煽动情绪的措辞，以及掐头去尾的"片面真相"，对我们来说毫无意义。我们的大脑就像一台电脑，每天都需要处理很多事情，如果这台电脑里的文件太多，导致内存不足，那么它在运行的时候就会出现卡顿甚至死机的情况。

信息接收得多，并非一件好事，我们需要的是高质量且有价值的信息。我们需要在意的是信息的含金量，而不是信息量。

警惕贩卖焦虑的网赚类信息

现在大家都会为各种各样的事感到焦虑，如害怕被裁员、担心找不到工作、不满足于当下的收入等。其实归根结底就是因为缺钱。于是很多人开始寻找副业，想通过发展自己的第二曲线获得另一种新收入。

我的一个大学同学尝试通过自媒体赚钱，顺带还关注了很多分享网赚（网络赚钱）类信息的公众号博主。但事实上，对于圈外人来说，这些网赚类信息的真假他们是无法分辨的。大多数网赚类信息基本上都有着极具诱惑的标题。比如，"零门槛，3 天可赚 XX 元，一个暴利的搞钱路子""日入过万元，5 个不起眼的赚钱小生意""副业如何年赚 XX 万元"。

这些标题简单粗暴，直击人心，把普通人对金钱的欲望拿捏得恰到好处。再加上老师晒出的收益和各种数据截图，简直就是在有意向你发出信号：快来加入我们，有一天你也能日入过万元。

对于一个完全没接触过互联网的人来说，这些信息完全会打破你的认知。你一边幻想着马上就能赚到大钱，一边凑钱交了学费，可是在跟着所谓的老师上了几天课之后才发现，要么自己基础太差，要么自己执行不到位，要么对方根本就没什么真功夫，所谓的培训就是在割"韭菜"，通过自媒体赚钱根本就没有那么简单。

你一开始还以为自己找到了财富密码，打开了新世界的大门。殊不知这些蛊惑性极高的信息就像一个个诱饵，而你作为目标用户，只是一条待上钩的鱼罢了。

当然，我并不是对网赚类信息全盘否定，对于大部分圈外人来说，通过获取网赚类信息可以打破他们的固有认知，让他们意识到原来还能这么赚钱，或多或少能起到一定的开眼界作用。但是遗憾的是，如果一个人严重缺乏对互联网行业的认知，那么他在面对这些网赚类信息时，大概率是无法判断出其含金量的。如数据有没有水分，有多少图片是伪造出来的，投入回报比是多少等，这些都是圈外人无法了解的。

我的意思也并不是这类和赚钱相关的网赚类信息不能看，而是当你还只是一个对互联网行业没有认知的圈外人的时候，应该抱着怀疑的心态去看待网赚类信息，不然你总是害怕错过所谓的暴富机会，自然而然就会变得不理智，从而产生冲动消费的行为。

想要获取到一些相对有价值的网赚类信息，那应该怎么办呢？我的答案是，如果你想了解相关的赚钱项目或想尝试某一个行业，一定要跟对人，千万不要被月入 10 万元这类的网赚类信息诱导。你应该去观察这个老师在行业里做了多久，有多大的影响力，是真的自己做出了成绩，还是"开局一张嘴，内容全靠编"。

我鼓励大家要经常为知识付费，要舍得花钱去购买别人的经验，但是对于网赚类信息来说，靠谱的还是占少数。所以你应该跟的是在行业里得到结果的人，而不是半路出家，靠着几个标题党糊弄小白的"半吊子"。后者急功近利，只为吸引小白上钩而分享网赚类信息，我们应该尽可能避免过多关注他们分享的信息。

赚钱的秘密，藏在信息差里

很多人对互联网的认知是错的，比如，总觉得互联网能打破信息不对称。其实不然，互联网看似提高了信息的传播效率，让大多数信息变得公开且透明，但由于很多人总是习惯性关注自己兴趣范围内的事物，所以将自己束缚在了"茧房"之中。

就算在信息交流更加高效的社群里，人们之间的沟通也未必一定比信息交流不畅的时代更加顺畅和有效。尤其是由于认知的不同，面对同一条信息，不同的人对它的理解、判断、吸收程度及最后做出的行动是有差异的。

这就决定了当下甚至是下一个时代，信息差永远会存在，那些能对信息有深刻理解的人，就能不断地靠信息差赚到钱。一群人"驾驭"另一群人，无非是因为他们知道了另一群人所不知道的秘密，这个秘密其实就是信息差。

所以对于普通人来说，想要赚到别人口袋中的钱，需要迈过的第一个坎就是找到信息差。只要捅破了信息差这层窗户纸，大部分看似复杂的商业问题就会迎刃而解。

什么是信息差

从宏观意义上来看，信息差的含义概括起来其实就 4 个字，叫作人无我有。大多数人对于信息差的理解只停留在第一层，即资讯层面。但信息差的含义远不止简单的资讯，具体来说，包含以下 4 个方面。

从资讯层面来说，我知道，你不知道。

短视频里充斥着大量靠信息差赚钱的例子。比如，短视频上售价 100 多元的车载 U 盘，在批发网站上可能 20 元就能买得到，但是那些上了年纪的人为什么会多花好几倍的冤枉钱去购买它呢？答案是他们根本不知道有类似 1688、淘宝特价版这类平台的存在。

类似的例子并不少见，大多数二类电商靠着买流量的方式抢夺用户注意力，往往一个爆款单品就能带来上万笔订单。这里稍微解释一下什么是二类电商，首先大众常用的电商平台包括淘宝、京东、拼多多等，它们都是电商平台的代表，这些电商平台都是货架式电商，也就是你想要买什么商品到平台上去搜索就可以。而你在今日头条、腾讯新闻等资讯平台上刷到的商品，其背后的商家就属于二类电商，你之所以会刷到商品，是因为商家在依托这些资讯平台的优质流量进行付费投放，一般交易形式以"下单付款 + 包邮"和货到付款为主。

又如 2022 年，微信视频号特别"火"，很多业内玩家仅仅通过把在其他平台上发布的视频"搬运"到微信视频号，就赚得盆满钵满。主要原因有两点，一是微信视频号早期的用户画像是下沉人群，也就是四五线城市的中老年人，这些用户还未在平台上有过消费行为，当他们看到微信视频号上有大量与之相匹配的商品时，对这种商品的需求就会达到顶峰；二是爆款内容一定是重复的，但凡是在其他平台上"火"过的视频，通过"搬运"也好，混剪也罢，大概率依然可以在新平台上"火"起来。

所以当一个新平台出现的时候，能抓住机会的，往往都是领域内的高手，因为他们不仅掌握了这个行业的玩法，还对赚钱具有敏锐的嗅觉。

不管是通过短视频卖货，还是在资讯平台里做单品销售，这些都算是利用简单的信息不对称来赚钱的方式，虽然这些信息对于年轻人来说都是常识，但是对于那些刚接触互联网的下沉人群来说就是新知，这本质上利用的就是不同圈层人之间的信息鸿沟。

从技能层面来说，我会的，你不会。

在一个成规模的互联网公司里，老板不可能什么技能都会，即便老板是全能的，他的精力也一定是有限的，所有他会设置不同种类的岗位，如产品经理、设计师、程序员、运营人员等。

比如，我们是做内容的创业团队，平时需要设计一些宣传海报，这就触及我的知识盲区了，所以我需要聘请一个设计师，设计师赚的其实就是在技能层面我和他之间的信息差的钱。又如，实体商家想让自己的店名出现在地图上，以便用户在搜索时能给自己带来流量和收益，但不知道怎么让自己的店名出现在地图上。于是一种叫作地图标注代办的服务就出现了，收费几百元不等。但实际上要实现这个效果，其实实体商家不需要花费一分钱，只要稍加留意就会发现在地图的官网上，实体商家是可以免费申请地图定位的。

提供这种服务的代办人，赚的就是信息差的钱。本来不需要花费一分钱，但由于很多人不知道怎么实现，也不愿意去研究，知道这类信息的人便包装出了一种代办服务。比如，现在很多小微企业的规模不足以聘请一个专业财务人员，所以市面上出现了各种代理记账服务，帮助一些小微企业记账、报税，这本质上也是在利用信息差赚钱。

从资源层面来说，我有的，你没有。

在大学开吉他培训班时，通常情况下一把成本为 1000 元的吉他，我对外售价是 2000 元左右。如果是朋友过来买，我基本上只让他付"成本价 + 快递费"。同样一把吉他，不知道内部信息的人要多花一倍的价格购买，而知道内部信息的人，可以用成本价购买。我在这中间赚的不就是信息差的钱吗？假如消费者知道这把吉他的进货成本，他还会购买吗？答案是他不仅不会购买，还会觉得我是奸商，转而去寻找其他的便宜渠道。

所以拥有资源的人，一直都在赚那些没有资源的人的钱。

大家都知道现在做公众号非常难，在没有时代红利的背景下，一个新手想从零做出一个能赚钱的公众号，无异于海底捞月、天上摘星。但是对于一个做了五六年公众号，有大量粉丝基础的人来说，他只需要向自己的存量用户发出消息，便能顷刻间涨粉。前者之所以做不起来，不是因为内容做得不好，而是因为没有像后者一样拥有基础的流量资源。

互联网时代，资源更多体现在人脉、流量方面。比如，你和某个百万粉丝博主是好朋友，如果他能推荐你，你就能迅速涨粉。同样的例子不在少数，口腔、医美这些暴利行业，大部分人即便知道其中的成本很低，也无法在一个没有人脉资源的前提下改变我们需要按照市场价付费的现状。

从认知层面来说，我懂的，你不懂。

人和人之间最大的区别，其实就是对于人、事、物的认知差距，这是信息差中最核心的一点。比如，我和一个同学在同一时间知道公众号的存在，但是我们对于这个信息做出的反应和行动是不一样的，最后结局也是千差万别的，我靠公众号改变了命运，而这个同学没写几篇文章就早早放弃。有时候信息很值钱，但是我们只有真正去落实执行之后，才会让它有值钱的可能性。

淘宝客发展至今已经十多年了，早期"踩"到红利的从业者仅仅通过转发淘宝推广专区的商品链接到各种群里，就能赚得盆满钵满。当初你一定被人莫名其妙地拉到过某个购物群，经常有人在群里发一些有折扣或低价的商品链接，你认为挺划算就下单了。但是你有没有想过群里的商品价格为什么会比电商平台上的便宜？转发商品链接的人又通过什么赚钱？他们到底能赚多少钱？

针对同一条信息，有人只能成为消费者，而有人能看到信息背后的机会，从而成为信息的生产者。之所以会有不同的结果，本质上是因为大家的认知不同，对信息的处理能力也不同。任何时代，其实只有极少数人能够看到并看懂信息，从而看见其中的商机，这就是认知的不对称。

为什么还能通过信息差赚钱

不管我们身处什么样的时代，信息差都会存在。原因有很多，如时代的发展、个体的认知差异、信息的传播效率等。下面列举几个原因，向大家阐述为什么任何时代都能靠信息差赚到钱。

1. 中国太大，各地经济发展程度不一

当看到有人在短视频里教成年人识字的时候，我非常惊讶，不是不理解还有人不认识字，而是惊讶于有人能发现这个需求。中国如此之大，往往你觉得再平常不过的一件事，可能还有数以万计的人不知道，这其中就藏着各种不对称的信息。

2. 懒惰，是获取信息差的拦路虎

信息是需要主动获取的，但是多数人缺乏一种探索新事物的能力，导致那些善于主动学习的人后来居上。人和人之间最大的竞争力，无外乎看了多少书，输入了多少新知，一定程度上来说就是掌握信息量的多少。

在大多数情况下，一个人知道得越多，就越能筛选出高质

量、有价值、能变现的信息。但懒惰的人要远远多于勤奋的人，也就导致了那些善于输入信息的人，一直在"操控"那些没有获取到信息差的人的钱包。

3. 获取信息的主动性和被动性

我通过刷短视频曾看到一个做俯卧撑的辅助器，售价 139 元。当时觉得挺有意思，视频里的画面也激起了我想运动的欲望，于是"激情"下单幻想着到货之后一定要好好锻炼。可收到货之后，我发现这个辅助器的材质根本不足以卖到 139 元，于是我去其他电商平台上搜索同款，结果发现售价最低的才 19.9 元。

想通过这个例子告诉大家，在大多数情况下我们都在被动接收信息，虽然绝大部分的信息在互联网上都是公开透明的，但由于冲动、急切、情绪上头，我们总会被这些信息引导，短暂失去主动搜索的能力。

利用信息差赚钱的商家不仅瞄准的是四五线城市的人群，也无意间收割了那些习惯接收被动信息的人群。

4. 信息会过时

时代的车轮是不停向前滚的，过时的信息会被淘汰，新鲜的信息必定有红利。比如，2010 年前后，移动互联网大爆发，

App 市场迎来空前繁荣，随之而来的是程序员培训市场的火热，那时候程序员通过编写代码就能享受高收入，但如今该市场趋近饱和，高薪神话也不再仅限于程序员群体。

又如，2015 年前后是属于公众号的高光时刻，那时候做公众号培训的公司或个体都能赚到很多钱，但到了 2023 年，你再去教别人做公众号，基本上不可能成规模。因为大家都知道现在是短视频时代，"短视频能赚钱"这条信息的覆盖面要远远广于"公众号能赚钱"。又如，前面提到的淘宝客一旦过了红利期，赚钱的效率就会大打折扣。所以，要想通过信息差赚钱，势必要去获取那些有时效性的信息，不然会"竹篮打水一场空"。

如何获取优质的信息差

我有个律师朋友，2002 年在深圳买了两套房子，20 年后，随着房价上涨，他的身价翻了数十倍。这样的例子不在少数，确实有一批人靠着房产的红利实现了翻身。往往这时候很多人就会感叹：要是时光能倒流就好了，那样就能提前布局，剩下的时间只要等着房价暴涨就好了。

大家之所以会有这样的遐想，是因为把不同时代的人放在一起，两者之间是有巨大信息差和认知差的。如果真的存在穿越，用当代人的认知去对过去的事物做决策，该买股票就买股票，该入局的风口项目也都一样不落下，那么想不发财都难。

那么应该如何才能获取优质的信息差呢？以下分享几个获取优质信息差的方法。

把一本书读 100 遍

我认为在人的一生中最重要的一个习惯，就是持续阅读的习惯。"书中自有黄金屋"这句话对我来讲绝非空谈，并且我觉得没有任何人会反对这句话。

遗憾的是，大部分人都是不阅读的，即便接受了高等教育，也没有持续阅读的习惯。虽然已经有很多书籍或成功者强调过阅读的重要性，但大多数人听完之后也只会频频点头，然后转身又一头扎进短视频的世界里。

在我看来，阅读是最低成本的学习方式，你想要的大多数答案，其实书里面都有。一本书包含了一个作者对某个行业、某个领域的经验和方法论。你只需要花几十元钱，就能买到这个作者的经验和方法论，这是再划算不过的获取信息的方式，不读真的太可惜了。

但是我们能掌握并运用的信息是有限的，我们的精力也是有限的，所以要有目的地去阅读，不能盲目阅读。比如，如果你想学习如何做自媒体，就先看关于做自媒体的书，买 10 本自媒体专家写的书，全部研究一遍，大致也就知道自媒体是怎么一回事了。

　　另外，阅读不能急于追求数量，一年读几百本书不等于你很厉害、学到了很多知识。当然我并不否认有这种人存在，有些人一年读几百本书可以全部吸收，并且运用得很好。但是在大部分情况下，很多人即便一年读了几百本书，也跟没读一样。

　　所以，要想通过阅读获取优质的信息差，就不能只追求数量。因为到最后你会发现自己读了很多书，但对于自己的能力和认知的提升，似乎没有任何帮助。这是因为你只是读完了，并没有机会真正去执行书里面教授的经验和方法论。也就是你并没有把这些知识消化掉，所以你会认为很多书没用。

　　其实很多书都是有用的，觉得没用的只是你自己认为的而已。

　　如何做到有效看书、有效学习呢？我的经验是，先进行大量的阅读，不用一字一句地读，先看书的框架，快速浏览，这是提高效率的前提。大量阅读不是为了全部吸收，而是为了找到那些真正对自己有用的书。当然，在大量阅读的时候，你一定会买到很多"垃圾书"，这并不要紧，当你阅读到足够多的书时，你自然就有了识别好书的能力。

　　读书要带着问题去读，这样效率会高许多。我读过很多书，但其实对很多书都是泛读，因为大部分的书的精华内容也就占20% 左右的篇幅，其他内容基本都是一些用来佐证观点的小故事，你只需要快速翻阅，掌握核心的观点和逻辑就行。等你找到那些对自己真正有价值的书后，接下来就是反复阅读，把一本书读很多遍，直至把书中的精华内容全部吸收。

在一年内把一本好书读 100 遍和在一年内读 100 本书，我一定会选择前者。因为当你把一本对自己有用的书看了很多遍之后，作者总结出来的经验和方法论就会为你所用。

我在 2016 年开始写公众号文章的时候，一直在刻意练习自己的写作能力。那时候我"疯狂"阅读各类书籍，希望可以找到一个厉害的作者去模仿他的写作手法。当时我偶然看到高中时代关注的作者李座峰，他在一本叫《且将生活一饮而尽》的书中写了 33 个故事，囊括了社会各个层面的人物，描写了他们各自的生活状态。我之所以说这本书，并不是因为他的故事描写得多精彩、多有画面感，而是他的写作风格在当时能给我一个模仿的切入口。所以我把这本书反复读了很多遍，以至于后来我在写文章的时候，多少都会受到他的写作风格的影响。

读一本好书，就像听一位高手说话，当然他说的内容不一定全是对的，毕竟没有任何一种经验适用所有人，所以我们只需要去聆听那些自己认可的部分即可。特别是那些经典的书籍，虽然有的作者已经不在人世，但我们能透过他的文字获取到很多优质的信息差，把阅读当作和作者的一对一交谈，听他娓娓道来，这难道不是一种非常愉快的体验吗？

进入付费的圈子

信息搜索能力是当代互联网人必须具备的能力，当然，这里指的是能搜索到优质的信息差，而不是简单填补资讯层面的空白。

表面上信息是公开透明的，实际上只有少部分人能通过搜索挖掘到那些值钱的信息，这和网感、认知等诸多要素有关，有时候我们和同龄人之间的差距在一两年内就能被拉开，但对于善用搜索信息的人来说，拉开他和同龄人之间的差距，可能只需一个下午。

要想实现人生跃迁，就要打破固有的思维认知，不断地输入优质信息。人是群居动物，群体所获得的信息量，一定是会远远超过个体的。如果你所在的群体是一个思维认知比较低的群体，那么获取的信息差会是优质的吗？

在高认知群体里，大家都会有一个共识，那就是价值交换。大家会本着提供价值去交朋友，我说一些你不知道的，你说一些我不知道的。信息碰撞到一起，彼此的信息差就会缩小很多。

个体的能力参差不齐，想要尽可能筛选出优质的信息，势必会消耗大量的时间和精力，所以我们可以走一条捷径，那就是加入一些优质的付费社群，因为社群一旦设置准入门槛，里面的信息就不会太差，自然也会有一些优秀的人帮你做信息筛选。

现在互联网上有很多类型的付费社群，那么我们该如何进行甄别呢？我的答案是选择那些高价格并且运营时间较长的社群。获取优质信息的捷径之一就是用金钱做筛选，社群的价格越高，社群里信息的价值普遍会越大。

从 2019 年开始，我便要求自己每年至少花 10 万元用于学习、投资自己。到 2021 年，我已经在知识付费上花了 20 万元。每个人在成长的过程中，肯定会遇到很多"坑"，自己去踩，往往会花费很多时间，效果也不见得好。所以如果你想了解一个行业，那么可以找这个行业里面做得比较好且自己信任的人，花钱去买他的经验。比如，如果你想学做自媒体，那么可以找行业里有实战经验的人，购买、学习他的课程。想从一个圈子跳到另一个圈子，花钱是最有效的方式之一。

拿我自己为例，当我还是一个做自媒体的小白时，就花了很多钱去学习别人的课程，先不说课程质量怎么样，但凡有一句话对自己有启发，我都觉得是值得的。对于投资自己这件事千万不能太抠门，有些钱花出去就一定会以另一种方式还回来。进入付费的圈子要趁早，会让我们尽早避掉很多"坑"。

和高手过招

师傅领进门，修行靠个人。除了多读书、进入付费圈子，你还要想清楚自己能为别人提供什么样的价值，这很关键。和别人互利共赢，会让你们之间的关系更加和谐。要想真正连接上高认知的人，缩短你们之间的信息差，办法只有一个，和高手过招，即用相对同等的价值进行交换。

我在开始写公众号文章的时候，可以用毫无章法来形容，虽然知道写哪一类文章能获取流量，但是根本不知道怎样去变现，甚至连一条广告怎么报价我都不知道。为了突破这个瓶颈，我进入付费圈子，和高手产生连接，和高手进行切磋。

那时候我拜访了很多牛人，在拜访之前先购买并体验了他们的产品和服务，然后约他们线下见面，在谈话过程中，我一方面向对方分享自己在做自媒体时的经验，一方面抛出我的问题，让他们帮我解决。这样我就吸收了很多大佬的建议，如有流量之后怎么变现、广告怎么报价、团队怎么搭建、公司怎么注册、业务怎么扩大等。

那具体该怎么做才能消除你和同行之间的信息差？我的答案是，找到自己所在行业排名靠前的几个人，购买和体验他们的产品或服务，看看他们是怎么做的。在这个过程中，你吸收、借鉴他们值得学习的地方，并在此基础上做适当的优化，变成自己的东西。比如，我们是做自媒体的，在做知识付费产品时，会对标同行，购买他们的产品，了解他们是怎么向用户做交付的。在做自媒体账号时，我们在确定了一个账号的内容定位之后，也会找到那些做得好的对标账号，分析内容，借鉴模仿，最后形成自己的风格。

不断更新自己的圈子、和高手过招、学习高手的经验，是获取优质的信息差、高效成长的有效法则。

你的收入，由认知差和资源差决定

2023 年，我的短视频团队新增了一个带货培训业务，平时讲师都是通过直播的方式进行招生，一方面分享自己短视频带货的经验，一方面分享一些自己关于个体独立赚钱的思考。

有一次，我无意间听到某个讲师在直播间说："普通人赚钱靠的是信息差。"他举了很多自己的例子，说自己当年因为知道了短视频带货能赚钱这个信息，所以有机会在短视频领域赚到了钱。他还表示虽然现在看短视频的人很多，但实际上大部分用户是不知道短视频带货能赚钱的，如果你知道了这个信息，那么也有可能赚到钱。

这番话表面上看没有任何破绽，实际上漏洞百出。第二天开会的时候我问他："你现在的学员中，是不是 100% 都通过短视频带货赚到钱了？"他的回答自然是否定的。

短视频带货不仅不是简单的赚佣金生意，而且还非常考验一个人的网感、剪辑能力、拍摄能力等。这位讲师能把短视频带货这个项目做成功，和他过往的职业经历脱不了关系。他之前做过淘宝客、在微博上做过好物推荐，具备一定的文案撰写能力和选品能力，这是他能把短视频带货做起来的前提条件，即具备一定的行业认知和相关能力。

但他简单地把短视频带货能赚钱归结于信息差，未免也太过片面和具有误导性了。所以我告诉他不要为了招学员而故意隐藏很多成功需具备的必要因素，信息差固然可以让一个人赚到钱，但并不是主要原因。

信息差只能赚小钱

信息差对于赚钱重不重要？当然重要。信息差对于最后赚到钱这个结果，又到底有多重要呢？我觉得只能占 30%，另外的 70% 是对于行业的兴趣、专注、坚持等因素。

互联网上的信息是泛滥的，如果你不稍加思考，就会掉入他人设置的信息"陷阱"中。现在的知识博主大多是精通人性的高手，他们在某些方面的认知是高于普通人的，为了更顺利或更高效地去推销自己的产品，他们会有意无意拔高信息差对于赚钱的重要性。

所有知识博主都在迎合人性做生意，让你误以为赚钱靠的就是信息差。但实际上，很多人为知识付费都是不经大脑思考而做出的消费行为，在付款的那一刹那，整个交易和学习就结束了，课不看或看不完，即便看完了也不会去执行。因为他们习惯了不思考，习惯了走捷径和依赖别人，总抱着不用付出太多精力就能赚到钱的心态，这是人性的懒惰。

如果那些知识博主告诉你信息差赚钱的真相，那么他们的课程销量还会高吗？当然，我并不是否定知识付费的产品价值，我们需要透过现象看本质，深刻认识到信息差对于赚钱的重要性，这是所有具有独立思考能力的成年人该有的共识。

说到底，信息本身是不值钱的。现在有些赚钱社群声称能给你提供各种各样的赚钱案例，提升你的商业认知，让你开眼看世界。但你知道了又能怎么样，很多项目你是根本没办法用自己的认知、资源或能力去做出成绩的。

当然，并不是说信息差不能赚钱，而是相对来说只能赚到小钱。比如那些实操性不是很强、只需要"复制粘贴"、没有壁垒的信息差。要想赚大钱，要思考自己是否有足够的认知和能力，来把握住信息差给自己带来的机会。

越早积累自己的资源，就越能赚到大钱。如果没有任何的积累，天天想着投机取巧靠信息差赚钱，那么最终只会有两种出路，要么只能赚到小钱，要么根本赚不到钱。

有认知和资源才能赚大钱

我从 2016 年开始接触自媒体，到 2023 年已经过去了整整 7 年的时间。我从开始只能通过职场打工赚钱，到慢慢能独立赚钱，再到现在组建团队、雇用员工，靠的不是信息差，而是自己对自媒体行业的认知和这些年积累的资源。

我们团队是很典型的项目合伙制，我在招人的时候会刻意挑选那些未来能独立负责某一个项目的人，慢慢让他们成长为项目合伙人。这种模式的好处是能让我在不过多付出时间和精力的情况下，实现"躺赚"。

有一次开会的时候，一个项目合伙人开玩笑说为什么大部分的执行工作都是他在负责，而我却拿走了大部分的收益。可能在很多人看来，这是一种资本家剥削员工的行为。但大家都没有意识到一个很重要的问题：所有项目的想法都来自我的大脑，而他只是一个执行者而已。

在大多数的职场环境中，打工人每个月拿到的工资会低于他创造的价值，而大部分的利润最终都会进入老板的口袋。为什么？因为老板掌握着生产资料，也就是资源。比如，一家工厂生产出来的产品，普通人是没有办法生产出来的，只能成为销售人员帮助老板把它们卖出去。又如，对于一家新媒体公司来说，粉丝就是公司的资源，大多数的编辑不可能靠自己吸引那么多个粉丝，只能成为某一家公司的写手。

这个世界上只要存在信息差，人们的认知就不可能统一。面对同一条信息，每个人对它的解读能力是不一样的，是否行动、行动之后的结果是什么都因人而异。一个行业在兴起的时候，只有一小部分周边行业的人能看懂这个行业未来的发展趋势，并借助自己对行业的认知和理解迅速抓住机会。

一个知识博主设计一门课或写一本书，不管是讲商业思维的还是讲个人成长的，本质上卖的都是信息。这些信息是他们通过大量阅读和思考得来的，之所以会有人购买这些信息，其一是因为知识博主有自己的粉丝资源，其二是因为课程能满足他们的需求。反过来想一想，为什么你不能像这些博主一样把脑子里的信息整理出来卖给别人？原因很简单，你没有粉丝资源，并且没有人信任你，你的信息也不足以让别人感知到它的价值。

很多大公司的老板由于拥有丰富的人脉关系，只要帮助别人拉个群对接一下资源，就有可能让自己赚到一大笔钱。即便是普通的个体，在拥有大量的粉丝资源或一些有卖点的刚需产品的前提下，只要找到能互补的资源，也能实现财富暴增。

不要掉入焦虑的陷阱

焦虑主要是因为对比产生了落差感。约翰·肯尼思·加尔布雷思在《富裕社会》一书中说："只要一个人的收入明显低于周围人，即使对生存而言已经绰绰有余，也依然会被贫困所困扰。他们缺乏社会所规定的最低的体面要求，因而他们不能完全逃脱被社会定义为不体面的命运。"

年入百万元真的很难

环境和圈子能让人成长、给人以激励，也能让人产生焦虑和不安，只要有对比，我们便会被焦虑缠身。特别是在移动互联网大爆发的时代，信息过载，你的焦虑会在悄无声息中被放大，你能看到的，都是那些曾经和你一样平平无奇，甚至不如你的人。

简单给大家算笔账。大部分人在 22 岁本科毕业，以北上广深的薪资标准为例，一个应届毕业生正常情况下一个月薪资能拿到 6000 元，一年的薪资为 7.2 万元（6000×12=7.2 万元），这里还不除去房租、水电、交通、餐饮等必要的开销。实际上，对大部分在北上广深工作的人来说，房租至少得占薪资的 30%，所以很多人在大学毕业的第一年基本上是存不下钱的。

第二年，暂且就算每个月的薪资能涨到 8000 元，一年下来就是 9.6 万元（8000×12=9.6 万元）。再乐观一点，第三年每个月的薪资涨到 1.2 万元，一年下来是 14.4 万元（1.2 万×12=14.4 万元）。

这样三年算下来一共是 31.2 万元（7.2 万 +9.6 万 +14.4 万 =31.2 万元）。但是不要忘了，这个算法是建立在职业道路发展无比顺畅，且除去房租、水电、交通、餐饮等必要开销的前提下得出的结果。

不少媒体平台上的消息好像都在暗示你一个成功的准则，即每个年龄段应该拥有多少资产。如果不稍加思考，就会接受和认可那些极具误导性的信息，让人变得越来越焦虑。

但是不管身处哪个时代、哪个群体中，并不是所有人都可以取得成功。2020 年，第一批"90 后"步入 30 岁，都说"三十而立"，但是真正能"立"起来的能有多少人呢？所谓的成功掺杂着太多的因素，那些在同龄人中脱颖而出的人，靠的并非全是个人能力，还包括正确的选择、努力程度、时代红利，甚至运气。

当然，我并不是在试图说服你要无欲无求，而是要告诉你，千万不能掉入焦虑的陷阱，应该在其中找到一个平衡点。把焦虑当成一种推动力量，而不是一种消耗。

找到欲望的平衡点

焦虑往往会造成两种结果。一种是放弃自我，另一种是不断突破自我。很多人特别容易被那些"噪声"扰乱心智，觉得别人成功是因为运气好，自己"混"得不好是因为没有像别人一样的好运气，从而放弃所有能通过勤奋改变自己的机会。

成功其实只是一种可能性，只不过是有人愿意通过一些正确的方式放大这种可能性，而有的人不愿意而已。我就是一个经常焦虑的人，特别是当看到同行取得突破性进展，而自己却在原地踏步的时候。作为一个创业者，表面上看很风光，实际上需要承受巨大的压力和痛苦，有时候因为业绩下滑，我会彻夜难眠。但我并不会让这种状态持续很久，因为我很清楚焦虑是解决不了任何问题的，唯有实干才有可能走出困境。

对于一个能真正掌控自己人生的人来说，他从来不会把过多情绪浪费在焦虑这种无意义的事情上，而是直面问题，找出解决方案。比如，2022 年上半年，我们团队的业绩相较于同行下滑了不少，这时候我们要做的不是眼睁睁地看着同行越做越好，而是立马找出问题所在，尽量去优化和解决这些问题。

焦虑根本是化解不了的，比如，今年能赚 20 万元，明年就会想赚 50 万元；今年买了房，明年就会想换辆车……我们习惯性地把幸福理解为拥有某个东西，如金钱、房子、车子等，忘了健康、无忧、快乐才是人生的内核。于是欲望越来越膨胀，我们拥有得越多反而越不满足，只有通过不断地获得下一个东西才能满足上一个欲望，但是真正获得之后发现幸福感在逐渐消退中，从此形成"焦虑循环"。

当我感到非常焦虑时，就会选择短暂地逃避，如去看一些关于宇宙、地球毁灭之类的电影。看完后我会意识到人类的渺小，不管我们身处什么样的社会，取得了什么样的成功，总有一天都会走向死亡。人生在世不过几十年，所谓的功成名就也不过如此，"尔曹身与名俱灭，不废江河万古流"，我们都不可能打败时间，逃不掉生老病死。

　　我们的生命本来就是一种偶然，赚钱的目的永远只有一个，就是获得更多的自由和美好，如果一味地牺牲自由去换取更多的钱，就会物极必反。

　　我们应该反思的是，把自己困在一个金钱牢笼里，里面装满了不自由、充满了条条框框，这确实是我们想要的吗？或许活在当下才是最通透的状态，留下什么或不留下什么又有什么关系。王朔在《我的千岁寒》一书中写道："浑天疯转终不转，沧海狂蒸到底干。"意思是浑天仪虽然能够飞快地旋转，但终究也有不转的时候；蒸烤大海，终究也有蒸干的那一天。

　　我们这一生会遇到很多人和很多糟心事，享受只是短暂的，幸福也是短暂的，在广袤的宇宙中，我们犹如尘埃中的一粒沙，更多时候只有焦虑和孤独伴随。我们都在和身边的人做对比，但是如果把自己和那些更强大的人做比较，就会发现自己正在焦虑和难过的事情是多么的幼稚和滑稽。

　　你看到这里会觉得：说得太对了，那还努力奋斗什么呢？如果要这样理解的话，就大错特错了。有时候基本的健康需求需要金钱去满足，大部分的快乐也需要金钱来铺路，面对焦虑，我们要找到一个平衡点，说简单点就是对心态的调整。

　　这种调整可以把它称作一种能力，它能让我们意识到产生焦虑并不是因为能力不行，而是因为世界太大，我们本身就很普通，都是小人物，用不着说大话。另外，它也能让我们意识到，我们追求的幸福感、快乐是需要通过辛勤付出来换取的。想要过一个什么样的人生，就要付出相应的行动。

总之，焦虑是一个无解的问题，如何过好一生更没有标准答案。但是对大部分人来说，缓解焦虑最有效的办法还是多赚钱。

第 4 章

提升效率，知行合一

自律是一场骗局

不喜欢，是效率的死敌

提高行动力的秘密

很多人都败在了"路径依赖"上

普通人变富的 5 个习惯

自律是一场骗局

坦率地讲，我并不是一个自律的人。我经常会因各种理由而放纵自己，如熬夜玩游戏、长时间刷短视频。要说服自己去自律而舍弃眼前的这些快乐，简直太难了。即便如此，我依然能做好很多事情，究其原因，我想还是在于大家对自律的定义不一样。

什么才是真正意义上的自律呢？我觉得自律是为了让自己达成某一个目标，而去自我管理的一种表现，是一种结果，而非一种形式。比如，我跑步和打球是为了有一个好身体；我学习是想要更好地成长；我努力工作是想赚更多的钱，这些表现最终都会指向一个具体的结果。

现在的人都太好面子了，以至于自律泛滥，大家总想通过坚持做某件事情向外部传递自己保持自律的信息。各种博主也会告诉你自律给你自由，但他们也只会讲表面道理，真正能做到自律的人不多，很多人表现出来的自律其实都是为了自我炫耀，让自己的人设更积极向上罢了。

如果最终没有实现某一个具体目标，或者让自己变得更好，那么我认为都是在做无用功，满足自己的虚荣心而已。对于大部分人来说，克服人性并非易事，而顺应人性才是人生常态。关键在于如何做到平衡，这是值得思考的话题。

自律不是对抗人性

1994 年，窦唯发行过一首歌叫《高级动物》，用 48 个形容词进行演绎。

矛盾、虚伪、贪婪、欺骗、幻想、疑惑、简单、善变、

好强、无奈、孤独、脆弱、忍让、气愤、复杂、讨厌、

嫉妒、阴险、争夺、埋怨、自私、无聊、变态、冒险、

好色、善良、博爱、诡辩、能说、空虚、真诚、金钱、

伟大、渺小、中庸、可怜、欢乐、痛苦、战争、平安、

辉煌、暗淡、得意、伤感、怀恨、报复、专横、责难

你仔细观察会发现，这 48 个形容词完美诠释了人性，人性

中大部分的善恶都浓缩成了这 48 个词。

很多关于自律的文章会说：人和人之所以不一样，是因为有人克服了某些"恶"，有人只是顺应它们而已。这句话看似没什么问题，实际上漏洞百出，我相信在这个世界上一定有人通过克制欲望让自己变得更好。但你我皆是凡夫俗子，人性里的欲望是根本无法通过自律去控制的。即便可以，大概率也只能维持一段短暂的时光。

你喜欢看什么，平台算法就会给你推荐什么，本来你只准备看两分钟的短视频，结果在退出软件的时候才发现，自己的两个小时已经被"偷"走了。本来人性中的各种欲望就已经很难克制了，再加上当今算法对人性欲望的"拿捏"，你想要真正做到自律，就更加困难了。

于是很多人会告诉你要克制，不要沉迷于低级欲望，不要放纵自己，未来一定会让你痛，虽然表面上看没有任何问题，但只要稍加思考你会发现，基本上他们自己也无法做到克制欲望。

我每天都睡得很晚，有段时间想调整自己的作息，最后却发现这种调整实际上是在对抗人性，它不仅没有让我的生活状态和工作状态变好，还消耗了我的精力。于是我意识到每个人都会有不一样的生活节奏和工作节奏，早睡早起不一定就适合自己，如果你习惯白天休息、晚上工作，却追求所谓的自律而打乱自己的生活节奏和工作节奏，那么这就是一种不健康的自律。

自律的前提不是克制，也不是和人性做对抗，它最终是为了更好的生活，或者达到某个目标。有人会说："很多成功人士都在告诉我，要想成功就一定要克制自己，就一定要自律。"但成功人士口中的这些话在大多数情况下，是因为他们有了成功光环才具有可信度。当然并不排除一部分人成功靠的是意志力，但以我的观察来看，大部分取得成绩的人，所做的事情压根就不是在对抗人性。

比如，很多人都觉得写作很难，每当看到有的作者能坚持日复一日地写文章时，就觉得他很自律，但支撑一个作者长期写作的真相是，写作能给他带来正反馈，能让他打造自己的影响力和个人品牌，并且有不错的收入。你很难见到一个作者在既没读者又赚不到钱的情况下持续写作，除非他真的热爱写作。

大部分人总是把自己做不到，但是别人能做到的事情看作是一种自律，这其实是对自律的错误认知。对于作者来说，写作是一种让他的生活和工作变得更好的手段，也是为了满足自己的表达欲，这种所谓的自律以热爱和获取利益为驱动，而非以对抗人性来实现。

自律并不一定能成功

在现实生活和工作中，我发现很多人普遍会把自己的不成功归结于不自律，总觉得自己做事拖延是因为不自律、不喜欢健身是因为不自律、控制不了饮食也是因为不自律。正是因为不自律导致了自己一事无成。

实际上，我们所取得的任何成绩，是自律导致的吗？难道坚持做某件事情，就是一种自律的表现吗？显然并不是。熟悉我的读者都知道，我向来是以兴趣为导向来做事，所以我自然不会相信这个世界上有人可以一辈子做自己完全不愿意做的事情。

虽然很多博主写过关于自律的文章，但他们也不一定真正知道自律的本质，却想通过编写一篇如何自律的文章教导那些现阶段的失败者通过自律成为成功者。很多人潜意识里会觉得自律可以给一个人带来好处，如成功、幸福。就像他们总是把别人的成功归结于运气好一样，他们也会自然地把自己的无能归结于自己不够自律。

实际上自律和成功毫无关系，那些在某个领域小有成就的人，他们每天都有很多事情要忙，即便熬夜、通宵也不会觉得累。这并不是因为他们自律，而是因为他们正在做一件自己喜欢做的事情，做这件事不仅能给自己带来金钱回报，还能提高自己的社会地位和获得成就感，这才是他们自律的真相。

所以自律这个概念从头到尾都是一场骗局，那些事业有成的年轻人，他们的生活可以一团糟，可以晚睡晚起、不爱锻炼，但是他们之所以能在事业上取得好的结果，是因为有获取金钱的欲望，以及敢想、敢做。他们在工作上付出了超乎常人的时间和精力，自然就有更多的机会获得成功。

很多人之所以会觉得自律很重要，是因为看不透事情的本质，总在一些和结果无关的事情上设置规则，如按时跑步、早睡早起，当他们执行这些规则的时候会发现，表面上自己的生活确实充实了很多，自己也变得上进和努力了，实际上这都是行为上的自我迷惑，只能短暂缓解自己的焦虑。

当回到人生奋斗的目标上的时候他们才发现，原来这些行为并不能让自己赚到更多的钱。在我看来，自律一定是把所有的时间和精力放在正确的事情上，比如，你想赚钱就专注，你想健康就运动，你想提升就学习，就是这么简单。一切时间和精力都为正确的事情服务，这才叫真正的自律。

只有看不透事情本质的人才会去追求自律，真正成功的人靠的向来都是内在驱动力。

自律的终极法门

大家经常在朋友圈打卡，无疑都在展示自己的自律生活，这当然无可厚非，但其中有多少人是既在骗自己又在骗别人，想必只有自己最清楚。那么，自律的终极法门是什么呢？我认为包括如下几点。

（1）自律不是炫耀，不是跟风，而是一种发自内心的驱动力。

比如，很多人为了维护自己的形象，经常在朋友圈打造自己的自律人设，其实这种炫耀式的自律是以外界的看法和评价为出发点的，一开始就是错误的，我们在生活中其实并没有那么多观众，这种刻意营造的人设往往会让我们变得拙劣不堪和虚伪。

又如，很多人觉得做自媒体很赚钱，轻信了某个知识博主的鼓吹，便开始买课程学习，指望着有一天能靠自媒体翻身、发财。可真正做起来之后才发现，原来每个行业都是有门槛的，对应的各种技能也都是需要花时间学习的，看似能轻松赚钱，实则需要付出很多的努力。如果没有认可自媒体的价值，没有相信在学习自媒体的过程中所应积累的能力，那么是不可能把一件事情做好的。

那些能做好一件事情的人，除了有天赋，还有一种发自内心的驱动力，这种驱动力是认可和相信。

（2）活在一个积极的圈子里。

"人是环境的产物"这句话想必已经被说"烂"了，要想让自己变得更加自律，就应该多待在积极向上的圈子里。如果身边的人生活得很积极，经常利用空闲时间学习和运动，长期下来你自然会被他们影响。

当然，有时候我们是无法选择所处的环境的，但是当环境出现问题的时候，我们就必须想办法给自己创造一个能让自己变得自律的环境。比如，我只要周末待在家里就没办法认真工作，因为躺在沙发上一边吹空调一边看剧、打游戏，让我感觉简直太舒服了，完全没想过把电脑打开。但是有时候又不得不写稿子，这时候为了能让自己工作，我通常会找一个安静的自习室，用环境来推动自己。在自习室这样的环境里，周围的人都在看书、学习或工作，我自然也会安静下来认真工作。

所以当待在家里工作效率不高的时候，我们要善于利用人性中的人群效应和从众心理，尝试给自己换一个工作环境，刻意远离那些能分散我们注意力的人、事、物，让自己活在一个积极的圈子里。

（3）用高级欲望控制低级欲望。

前面说过，对大部分人来说，我们不可能通过对抗人性来实现自律，所以有时候要学会顺应人性，该享受的时候享受，该放纵的时候也不要刻意为难自己，但一定要懂得适可而止。最有效的方法是，找到一个高级欲望去控制这些能即时满足自己的低级欲望。

什么是高级欲望？在我的理解中，高级欲望是需要我们付出超出常人的努力才有可能获得的，如财富、权利、口碑、学历、自由等。如果你想靠自己的能力在大城市买车、买房，想比你的同龄人过得更好，就得用满足低级欲望的时间去学习和成长。

千万不要过于听信很多自我管理书籍里面说的：一定要远离低级欲望。因为这对于大部分人来说有点反人性，正确的做法是，低级欲望需要偶尔满足，但更要懂得延迟满足自己的某些高级欲望。比如，为了实现长期的目标，我们可以做一些短期没有回报，但长期来看会有结果的事情。我们应该正视自己的欲望，及时满足，也应该正确看待欲望，懂得延迟满足。

不喜欢，是效率的死敌

在我准备这节内容的时候，我翻了一下自己公众号的后台，记录显示从 2017 年到 2022 年的这 5 年时间里，我已经更新了981 篇文章。要是算上那些被删除的文章，我这些年写的文章已经突破了 1000 篇。

在 5 年时间里写 1000 篇文章是什么概念，算下米一年写200 篇，平均 2 天就需要写一篇。有人会说："你之所以能坚持下来，是因为需要通过做自媒体赚钱，换作是我，也能写这么多。"当然，我并不否认持续的正反馈让我保持了这么强的内容输出能力，但这只能算是表面因素。

大部分人在做一件事情之前，往往都会带着功利心去做，最常见的表现是，做这件事情能不能赚到钱？如果短期内看不到结果，很多人就会觉得这是一件浪费时间的事情，从而选择放弃。

我在正式进入自媒体行业的前两年时间里，基本上没赚到什么钱。但我并不是带着赚钱的目的去做这件事的，我只是找到了一种适合自己的表达方式，写公众号文章是一个让自己的情绪和观点得到释放的出口，这种表达方式是我喜欢的，也是我擅长的，我认为这才是我能在自媒体行业做出成绩的底层逻辑。

不喜欢，导致拖延

在自媒体行业深耕了 5 年，我写过各种类型的文章，如商业案例的拆解、各行业产业链的调查、个人成长的心得、副业赚钱的思考等。我经常会收到读者的留言，他们总会询问如何提升自己，如何提高工作效率、如何克服工作上的拖延和敷衍。所谓的"提升"自己，大部分人的预期其实最终都会指向未来能不能赚到钱，或者能不能掌握持续赚钱的能力。每个人待在具体的岗位上都知道只有精进工作能力，才能有升职加薪的机会，但很多人缺乏内在驱动力。

很多人做着一些自己毫无兴趣，且无法有成就感和感受到快乐的工作。可能他们也翻阅过大量关于如何提高工作效率和克服拖延的文章，但最终发现大部分文章中介绍的方法其实治标不治本。

于是他们一边拖延，一边怀疑自己，觉得自己是个没用的人。但他们没有认真思考过把一件事情做好的内在驱动力到底是什么。是老板交办的任务吗？是每个月的绩效考核吗？其实都不是，我认为是要真的喜欢这份工作或这件事，不管最终的结果是好还是坏，都能从中感受到快乐，这种快乐不是源于取得具体的成绩，而是源于克服了某种困难，或者自己获得了成长。

之所以在一件事情上出现拖延和懒惰的行为，或许根本就不是因为我们不行，而是因为我们做的事情本身就不适合自己。不喜欢一件事，这件事就无法让人产生内在的驱动力，自然就不可能把这件事做好。有些人一年能换好几份不同的工作，本质原因是不知道自己真正喜欢的工作是什么，没有喜欢的工作就不可能在一个方向上坚持，更别谈做出成绩了。

当然，也并不是说人只有找到自己喜欢的工作，才取得出成就，因为性格的不同，每个人对待同一份工作都会有不一样的反应，很多人选择一份工作谈不上喜欢，照样能把工作做得非常出色。

如果你正在做的是自己喜欢的工作，根本不需要所谓的考核或监督，喜欢就足以驱动你去更好地完成工作。从某种程度上来说，喜欢能让我们把一件事情做到效率最大化，如果不喜欢做一件事又不得不去做，我们就需要用一些对抗人性的动作去强迫自己，结果还不一定奏效。

当然，我之所以能一直坚持做一件事，是因为那个阶段的我并没有多大的赚钱欲望和压力，要是放在今天，我想和大部分人一样，不太可能坚持做一件长期得不到结果的事情。每当看到很多人报名、学习各种课程，在做了一两个月没有成绩之后就放弃时，我表示非常理解，成年人的心是浮躁的，大家都很急，没有耐心去等待种子从播种到开花结果的全过程。

大多数人的成功之所以无法复制，是因为讲述的人和听众所在环境、时间节点不同。所以时间是非常重要的成本，这个时代能学习的途径很多，你应该尽早找到自己喜欢的事情，持续学习，保持专注，并在这件事上做出成果，否则会被无聊的工作一直消耗着。

喜欢是一种能力，而不是一种情绪

在生活中我们总是会听到类似的话，如"我对这件事没有兴趣""我不喜欢写作""我不喜欢直播""我不喜欢打篮球"等，表面上说这些话的人是在表达对某件事的态度，实际上他们却传达了一种逃避的情绪。

我们在不会做或不擅长某件事情时，才会说自己不喜欢某件事情。你不会听到丁俊晖说自己不喜欢打台球，也不会听到苏炳添说自己不喜欢跑步。

如今我在招人的时候，一定会问应聘者有什么兴趣，工作之外的时间都喜欢做些什么。很多应聘者会回答喜欢看书、旅游、打游戏、爬山等。当我继续追问他们在这些兴趣上花了多少时间，得到了什么结果的时候，他们往往不会给出明确的答案。

实际上，很多人是没有所谓的兴趣的，即便有也只是跟风而已，他们并没有真正在一件事情上付出过多时间和精力，有人会说："自己看短视频也花了大量时间和精力，这算不算一种兴趣？"这当然不算，这只是一种满足低级欲望，用来打发空余时间的行为而已。

很多写公众号文章的作者说自己喜欢写作，包括我也曾经说过自己热爱写作，但这种喜欢是真的喜欢吗？不见得，对大多数人来说，他们只是具备了一种能力而已。比如，歌手之所以说自己喜欢唱歌，是因为他们具备了唱歌这种能力，并且通过这种能力获得了正反馈。

所以所谓的喜欢做某件事是指经过大量练习之后具备了做某件事的能力，只有真正掌握这种能力之后，我们才会说喜欢。如果光是嘴上说说，那么这种喜欢是非常廉价的。

接受不喜欢，才能真正喜欢

不管学乐器、舞蹈、写作、拍短视频，还是学其他技能，整个过程一定都是枯燥的，如果我们只是靠着"喜欢"去做这些事，那么在这个过程中，"喜欢"就会因为遇到的困难而变成"不喜欢"，我们最终也会选择放弃。

正因为掌握每项技能都需要大量练习，其中也会存在很多困难，所以根本就没有所谓的 100% 喜欢，那些真正能把一件事情做好的高手，都是在接受和克服了无数的不喜欢之后，最终掌握某项技能，变成真正喜欢做这件事。

歌手郑钧说过："我在做自己喜欢的事情，虽然身无分文，但是一点不觉得自卑，也没有沮丧，反而觉得特别开心，而且特别骄傲。"包括近几年很多小众音乐人被大众熟知，无不是因为这些人长年累月地坚持，这种喜欢是持久的，并不是三分钟热度。

有些人即便生活不富裕，也会买价格昂贵的乐器。比如，真正对摄影感兴趣的人，会花大量时间去研究摄影，花很多钱去买器材和设备，并靠着坚持在小圈子里慢慢有了名气。只要做到比圈子里的人更胜一筹，他们就会有机会得到更多的资源，获得更大的影响力，从而走上更高的台阶。

我有个习惯是研究同行，研究那些比我厉害、成长速度比我快的人，我总是在思考为什么他们比我牛，难道是因为他们比我更喜欢这个行业吗？其实不是，他们在写作上并没有天赋，在这个过程中也会感到痛苦和沮丧。他们写出的每一篇文章和每一本书，也都经过了反复打磨，甚至是不断逼迫自己才有的结果。

当开始做一件有困难的事情的时候，喜欢就会变得一文不值，而只有那些真正坚持到最后的人，才有可能是胜利者。我们公司目前的主营业务是提供与自媒体相关的知识付费服务，很多学员都带着一种着急的心态，想通过学习如何做自媒体快速让自己赚到钱。这时候我就会告诉他们："但凡是带着极强的功利心去做一件事情，结果往往都会不如人意。"

不管是做自媒体，还是做其他事情，我们最应该学的不是技术，而是那些朴实且需要被反复提及的道理，学会接受一切反人性的枯燥和困难，才能筑起心中那个真正喜欢的"桥梁"。

这个世界上有些人正在过着你喜欢和向往的生活。他们的共同点是能把喜欢和工作相结合，利用互联网的媒体平台红利放大自己的能量和价值，这就是真正喜欢做某件事的人与这个世界共舞的最好方式。

当然，并不是所有人都能把喜欢和工作结合起来，一方面对于自己喜欢的事，远远没有达到专业的程度，另一方面自己喜欢的事太过小众，即便做到非常专业，也暂时没有商业价值。

但是喜欢是一个人与社会连接的方式，更是与圈子进行沟通的桥梁，有喜欢做的事和没有喜欢做的事一定存在着天壤之别。即使不能通过喜欢赚到钱，单凭喜欢给自己带来的快乐，也是值得的。

提高行动力的秘密

一件很有意思的事情是，我在写这节的时候，拖延了整整两天。

我曾经翻阅过一本书叫《拖延心理学》，这本书被人们视为战胜拖延症的法宝，作者在书里传达了一个基本信息，即拖延并不是一个人的恶习，也并非品行问题，而是由恐惧引发的一种心理综合征。另外，因为作者的拖延症，这本书的出版时间，比计划的时间晚了整整两年。

从打工者到创业者，从助理到 CEO，从家庭主妇到职场精英，几乎人人都有拖延症。就连研究拖延心理学的专家，也是无法战胜拖延症的。由此可见，拖延问题不可能像某种病症一样可以通过药物治疗得以根治，这是我们需要有的一个共识。

但是无法根治并不代表不能缓解，所以下面我会和大家分析拖延的原因，以及到底有哪些方法能让拖延不至于那么严重。

为什么拖延

1. 不着急，不紧急

拖延的第一个原因，在大多数情况下，是我们在做一件事的时候总觉得剩余时间还很多，过几天再做也是一样的。比如，老板布置的任务，要求在下周之前把该做的 PPT 和设计方案全部做完。因为不着急，很多人一般都不会第一时间去完成。大家都喜欢在工作时间"摸鱼"，特别是在管理不严格的公司。

直到临近汇报工作，大多数人才会迫于时间压力去工作，结果由于时间仓促，完成的工作质量并不高。甚至有些人在汇报工作的头一天晚上熬夜加班，最后上交的却是一个很勉强的结果。

有一段时间我在写与自媒体相关的课程，对我来说这件事情并不是特别的紧急，因为公司业务发展良好，其他项目的营收也不错，我并没有收入上的压力，所以从有写课程的想法到正式开始写，已经快半年了。因为不着急，我们往往都不会认真对待自己的生活和工作，最终导致自己在做一件事的时候，经常陷入一种拖延的怪圈之中：不着急还有时间——边焦虑一边拖延—利用最后有限的时间完成—最后完成的结果非常低质量。

所以拖延的第一个原因是这件事并不需要我们着急去完成，我们下意识觉得"时间很充足，反正早晚都要做，为什么不晚点做"，这是懒惰在和时间对抗。

拖延症看似只体现在一些小事情上，如果是长时间且反复的拖延，那么所带来的影响实际上是非常深远的。这次可能是工作任务没按时完成，下次丢失的可能就是一个发展自我的好机会。无法克制拖延，必将导致我们的人生变得平庸。

2. 畏难情绪

如果做一件事没有时间的限制，不仅会加重我们的拖延程度，还会让最终的行动终止。拖延的根源是恐惧，我们害怕自己的能力不足，做不好这件事。比如，拍短视频和做直播，这对于普通人来说是具有时代红利的事情，他们很有可能通过短视频或直播快速翻身。但当真正行动的时候，很多人无法迈出第一步。因为他们会觉得自己没做过，心里会想：万一做不好怎么办，还是再准备准备吧。有时候思考得太多不见得是一种好事，还会阻碍你的行动，导致自己把握不住机会。这种畏难情绪就像一只拦路虎，它会让你本能地逃避，让你始终无法迈出第一步。

我在刚参加工作的时候，非常害怕上台讲话，每次团队开会我都非常紧张。但我在心里不停地告诉自己：一定不要害怕，一件事越难做自己越要去做，如果一直都迈不出第一步，一时感到恐惧的事一辈子都会感到恐惧。后来遇到能上台讲话的机会，我虽然害怕但是也极度渴望去挑战它。挑战几次后我发现，原来公开演讲并不难，难的是摆脱羞涩和敢于不怕丢脸。

现在很多人都想拍短视频和做直播，但矛盾的是，大家既害怕被人看到，又害怕没有人看，心里总会想：万一被亲戚、朋友看到怎么办？会不会很尴尬？会不会很丢脸？万一没播放量那又该如何是好？

拖延的第 2 个原因是我们怕失败、怕丢脸、有畏难情绪。胆子大一点，失败并不可怕。

3. 完美主义作祟

拖延的第 3 个原因是完美主义作祟。每个人做事情都想在做好十足准备的前提下开始，但因为各种因素的限制，我们是不可能等到做好十足准备再打仗的。

之前我的团队里有一个"95 后"，本来他是个想法挺多的人，但因为每次在做事情之前都要准备很久，导致自己错失很多机会。虽然很多时候我们都有各自的不得已，但要想让行动力得到提高，就必须放下完美主义的心结。如经常挂在大家嘴边的：

等准备好了，我就开始写文章；

等准备好了，我就开始拍短视频和做直播；

等准备好了，我就上台演讲；

等准备好了，我就带爸妈去旅游。

这样的"准备主义"并不少见，大家都想等到一个完美的时机再去做某件事，但往往是一拖再拖，根本无法行动起来。文章并不是因为我们准备好了而越写越好；短视频也并非因为我们准备好了而越拍越好。

临床心理学家保罗·休伊特与人合著了一本书，名叫《完美主义：概念、评估和治疗的关系方法》。他认为追求完美主义是一种广泛存在的人格特质，表现为人与自我之间存在一种吹毛求疵的关系。

我们经常会在工作或在生活中给自己设立很高的标准，这虽然算是一种追求卓越的积极表现，但往往我们越追求完美，越去关注自己的缺点，从而丧失行动力。比如，一次聚会结束，我开车送一个朋友回家，在路上她挑选了一些照片准备精修之后发朋友圈，后来我看了一下时间，送她到家差不多需要半个小时，但到她家后照片还没发出，原因是她既纠结照片修得好不好，又在想文案怎么能写得更好。

很多时候，我们并不需要把事情做得那么完美，只要开始了，它就可以变得更好。

4. 目标太大，任务太艰巨

每年大家都会定自己的来年目标，可全能实现的根本没几个人。根本原因是大家把目标定得太大，从短期或长期来看根本无法实现。比如，当你还是一个年薪不到 10 万元的打工人的时候，定下明年要赚 1000 万元的目标，你觉得以自己现在的能力能实现吗？这其实是不切实际的目标，是你目前无法完成的，过后你就会下意识地不想面对，行动力上自然会大打折扣。

如何战胜拖延症，提高行动力

1. 接受不完美的开始，没有准备，就是最好的准备

同事 A 已经做自媒体好几年了，写了很多原创文章，我说现在时代变了，是时候开始拍短视频和做直播了。他却说自己还需要再准备一段时间，想多看看别人是怎么做的。一个月之后我又问他，他还是说再等等。

拖延是因为完美主义作祟。但很多事情我们只有行动起来，才能在行动中遇到问题，并在后续的行动中纠正问题、不断进步。

很多事情都是先做起来、你才知道接下来该怎么做的，出来"混"最重要的是出来，如果我们一直待在舒适区，没有实战的经验，就不可能把一件事情做好。任何一个自媒体作者回看自己在 5 年前写的文章，都会觉得写得很差；任何一个短视频博主回看自己入行时拍的视频，也一定会觉得很没水平。

当你想要通过做一件事情提高行动力的时候，没必要做过多的准备，要接受自己并不可能一开始就能把这件事情做好的事实，这样你的行动力就会提高很多。

虽然有点鸡汤，但我还是想说：**接受不完美的开始，没有准备，就是最好的准备。**

2. 阶段性奖励自己

在产品经理这个行业，有个运营方法叫"游戏化运营"，意思是将游戏机制和元素运用于运营活动中，让用户获得参与感和做出即时反馈，这样能有效刺激用户养成使用产品的习惯和增加使用产品的次数。如通过签到获得积分、登上排行榜、获取勋章等一系列机制，都是为了让用户"上瘾"。

对于很多困难的事情，我们是没办法在短期内看到效果的，做起来是枯燥的，往往很容易让一个人放弃，所以学会阶段性奖励自己，或许是激励自己继续前行的方法。比如，写作和拍短视频这两件事，都是需要我们长时间积累和尝试才能得到结果的，为了能让自己坚持下去，你可以在写完一篇文章或拍完一条短视频之后，适当给自己一些奖励。

我在写这本书的时候，依然会产生畏难情绪，怕自己写不好，也会着急，所以每当我在写的时候便告诉自己，坚持写完这节就奖励自己晚上看一部电影或打几把游戏。

有时候我们在做某件事的时候，并不可能在短时间内投入大量的时间，比如，我一天写 5000 字就适可而止，给自己"换换脑子"，如打游戏或看书。一个人的精力是有限的，如果在短时间内消耗得太多，我们就应该给予自己适当的休息和奖励。行动力讲究的是持续性，而不是短时间的爆发。

3. 支付金钱，公开承诺

这是一种我实践过的，且行之有效的方法。有段时间我热衷于跑步打卡，每天要跑 3 公里，当时为了让自己坚持 100 天，我就发了条朋友圈：如果坚持不了，我就给点赞的朋友们每人发 200 元。结果那条信息当时有 500 多人点赞。

我心里就在想：如果坚持不下去，就要损失至少 10 万元的成本来为自己的行动力买单，这种亏本的买卖可不能做。所以即便在坚持跑步 100 天的过程中我有过无数次放弃的念头，但想到如果放弃了就得发至少 10 万元红包，也逼自己坚持了下去。

又如，我在写这本书的时候，和同事们打赌，如果自己没有在规定的时间内完成，那我就拿出一万元分给大家。为了激发自己的行动力，我都会使用这种方法。用损失金钱的可能性督促自己。

4. 有正确的心态，不断赢小仗

我们在做任何事情时都要有正确的心态，成功不可能一蹴而就，在枯燥的过程中需要不断给自己正反馈，这样才能获得持续的行动力。除了前面提到的阶段性奖励，我们还需要在做事的过程中不断赢得每个阶段的小仗，以此获得成就感，同时推动自己获得更大的成就感。

比如，很多人对待学吉他的心态就不正确，以为学吉他很简单，自己很快就能学会，但任何曲子的演奏都需要掌握基本功。你应该先学会认识吉他，知道吉他的正确演奏方法，以及要掌握很多乐理知识。当你把弹吉他所必须掌握的每一个小技能当作一个个小目标并最终达成的时候，你的成就感就会增强。又如，你想通过做自媒体发展副业，就应该先写好每条朋友圈方案、每个观众感兴趣的脚本，学会剪辑等。而不是想着第一篇文章或第一条短视频就能直接爆火。

　　不断赢小仗，一方面是为了获得正反馈激励自己，另一方面是为了赢得最后的大仗。这也是提高自己行动力的关键方法。

很多人都败在了"路径依赖"上

之前我看过一本书叫《为什么有的国家富裕，有的国家贫穷》，虽然书中讲的是国家和国家之间的贫富问题，但个体之间差异的根源也可以从中找到答案。

作者在书中得出的一个结论是，地理位置对一个国家来说非常重要。假如一个国家地处平原，那么这个国家的交通就会很便利，贸易也会更繁荣；相反，一个国家的地理环境属于地势高低起伏、崎岖不平的内陆环境，那么这个国家对外沟通的渠道就特别有限，进而造成较高的物流成本，阻碍经济发展。

我们都知道非洲大部分地区经济极不发达，为什么？非洲大部分地区地处热带，常年土地干旱、水资源短缺、病虫害严重。这就导致当地的农业生产效率是低下的。要是你对地理不太了解，想必也从影视作品或短视频中看到过一些非洲地区的样貌，很多地区除了生活条件恶劣，还伴随各种公共健康问题。

对于国家和地区来说，地理位置、资源决定了其发展的好与坏。

什么是资源诅咒

经济学中有一个理论叫"资源诅咒"，通常指的是和矿产资源相关的社会经济问题，也就是丰富的自然资源可能是经济发展的"诅咒"，而不是祝福。不要觉得一个国家或地区的自然资源越丰富，其发展就越快，相反，很多自然资源丰富的国家要比那些资源稀缺的国家发展得更慢。

什么是路径依赖

往往国家或地区资源丰富就会促使人们容易获得财富，从而形成路径依赖。什么叫路径依赖？它是指一旦人们做了某种选择，就如同走上了一条不归路，惯性的力量会让人们无法轻易回头。比如，当年诺基亚之所以被苹果手机打败，是因为受到了路径依赖的影响，为了利益不愿意推陈出新。

所以路径依赖会让一个国家或地区丧失发展其他领域的动力。比如，我从小生活的地方有一家依赖矿产资源而发展起来的工厂，运作了十几年，很多产业都围绕着这种资源来发展，赚钱很轻松，便忽视了其他产业的发展。当有一天这种资源枯竭的时候，整个工厂就垮了。

而最早由这个工厂衍生出来的周边小镇，这几年也开始出现衰败，因为受到路径依赖的影响，工厂把原本的青山开采得千疮百孔，但同时并没有发展出新的产业，于是其产业时代落下帷幕，从此陷入所谓的资源诅咒中。

一场组织和个体的自我革命

其实"资源诅咒"放在人的身上也是一样的。当互联网还没有现在这么发达的时候，普通人想实现一夜暴富是非常困难的。大部分普通人要么过平庸的一生，要么通过自己多年的打拼成为某个行业的翘楚。

随着时代的发展，互联网上出现了各种各样的红利，造就了越来越多草根，普通人成功的周期也越来越短，过去可能需要几十年才能达到某个高度，如今有人能在一年甚至半个月的时间内迅速实现财富暴增。

时代让普通人逆袭的偶然性变得越来越大，同时，这种偶然性也暴露出一个问题，那就是普通个体的抗风险能力是很差的。比如，一个人通过买彩票得了一笔意外之财，因为不会合理规划而最终回到起点。用一句通俗的话来解释就是，人靠运气赚到的钱，最终都会凭本事亏掉。

我想应该没有人会不知道"守株待兔"这个故事，这个故事批判的是那些有不劳而获的心态，或者墨守成规、不知变通的人。我们会笑话故事里农民的无知和懒惰，但这些人性中的懒惰、无知、固守成规、惯性思维，不就存在于我们每个人身上吗？

在互联网行业，有人因为公众号、短视频或直播实现了偶然性的逆袭，他们其实都是被命运选择的普通人。很多人会错把自己过去的小成功等同于自己能力强，其实他们不知道的是，有些成功其实是平台或时代给他们带来的机遇，并不能说明自己的能力有多强。然而不少人会形成路径依赖，不愿意接受新事物，不愿意学习，只相信自己过去的经验。

关于行业的路径依赖，我是深有体会的，2016 年我正式开始写公众号文章，靠着相对优质的内容和时代红利，我获取到了一部分流量。那几年的变现方式基本上全靠接广告，我只需要对接甲方的文案和需求，文章还没发出去就能先收到甲方的广告费，至于最终的转化效果，基本上也不用负责。

这种变现方式的好处在于，博主只需要维护好日常的内容更新，不用耗费时间去做产品端的交付，因此赚钱非常轻松。同时，这种变现方式会不断降低账号的黏性，也会让博主产生极强的路径依赖，让博主丧失自主开发产品的能力。等到行情变天，广告业务迅速下滑的时候，博主存在的问题就会浮出水面。

路径依赖的本质是存在惯性思维，它会让曾经在公众号上赚到钱的人一直留在这个行业，而不愿意去尝试新的平台；也会让曾经在电商平台大放异彩的人"死磕"下去，就算行业的红利已经消失，甚至开始赔钱，他们也不会选择开拓新业务。

其实不管是组织还是个体，如果一直沿用过去的经验，而不去尝试新的方向和寻找新的可能性，那么早晚会被时代抛弃。不管什么时候，世界都会处在变革之中，只有那些不断找到新路径的组织或个体，才能摆脱路径依赖，穿越周期"活"下来。

如何摆脱路径依赖

股市中经常出现的震荡曲线其实就像组织或个体的发展，如果认知不到位，或者自身能力不够强，最终都会被时代淘汰。而决定一个人是否能摆脱路径依赖、穿越周期实现尽可能多赢的关键因素在于，这个人能不能克服人性的弱点，选择一个新的方向。

适当丢掉过去的经验。曾经那些在图文自媒体时代做得风生水起的博主，当意识到互联网内容呈视频化趋势的时候，会带着原本做图文内容的经验去做视频。但是图文和视频之间的表达逻辑是有差别的，所以很多图文博主会出现"水土不服"的情况，无法有效复制过去的经验。

对于个人来说，不管身处哪个行业，如果要想摆脱路径依赖，获得更多的可能性，就要调整好自己的心态，适当丢掉那些曾经让自己引以为傲的经验，在面对新鲜事物时勇敢接受和尝试，"白纸"心态会让自己走得更远。

敢于接受失败。俗话说："光脚的不怕穿鞋的。"意思是一个什么都没有，或者没有任何牵挂的人，胆子很大，什么事情都敢去做，从来不会担心自己会失去什么。而那些有身份、有地位的人，由于害怕损失，做事情往往会习惯性地瞻前顾后，不敢贸然行事。

很多拥有一定资源或成绩的人在陷入"路径依赖"之前，其实有很多避免陷进去的机会，比如，写公众号文章的有机会提前布局短视频；做线下实体店的有机会提前通过线上渠道增加自己的流量。

任何一个在行业里待得很久的人，并不是没有行业判断力，而是害怕把时间投入到扩展新方向上却没有成绩，并且害怕丢掉原有的"胜利果实"。其实这就是摆脱路径依赖的一大障碍，如果始终走不出这一步，不敢接受失败，势必就会停滞不前。

经常有人说，凡是那些打不败你的，终将会让你变得更加强大。但是往往那些成就你的，最终又会反过来打败你。从历史的长河中我们都能得到教训，一家企业不管曾经多么伟大，创造过多少丰功伟绩，一旦在时代的变革中没有找到新的出路，就一定会从辉煌走向衰败。

放在个人身上更是如此，曾经的小成绩都只是过去赋予我们的机会，比如，在股票市场中，在行情好的时候大家之所以能赚钱，是因为参与了一场见者有份的游戏而已。在行情不好的时候，谁能挺过去迎来下一个周期，那才是非偶然性成功的胜利者。

既然已经知道前路走不通，就要敢于接受失败，早日探索出一条新的路径。

普通人变富的 5 个习惯

有一本书叫《富有的习惯》，作者是美国注册公共会计师托马斯·科里，他花 5 年时间研究了 177 位自力更生的千万级富翁及 128 位普通人的日常习惯，发现一个人的日常习惯会透露出这个人在生活中能否获得成功。

这本书的书名是很有噱头的，这就意味着读者会带着寻找财富答案的目的去阅读，显然这是幼稚的。另外，如果读者单纯地把"富有"视为有钱，认为这本书是讲如何让一个人变有钱的，那么未免有点肤浅和功利了。

在这节开始之前，我们需要有一个共识是，好习惯能帮助我们变成更好的自己，而非成功的必然要素；坏习惯也不一定是我们失败的主要原因。不管是生活还是工作，都是一套极其复杂的系统，并不是我们控制或改变少数变量就能使其发生变化，但不可否认的是，我们眼下的生活和工作状态，大部分是习惯导致的直接结果。

在这个充满机遇的美好时代，我们要审视和反思习惯对于人生的决定性作用，并且有意识地去培养和改变习惯。让好习惯益于自己或他人，让自己能掌控自己的生活，这就是一种让自己变得富有的表现。找到梦想就意味着已经走在实现梦想的路上，同样，当你读到这里并意识到自己缺乏某些好习惯时，何尝不是让自己走在人生变得"富有"的道路上呢？

人与人的不同体现在一些不起眼的习惯上，明白这一点的人很多，但是有这些习惯的人很少。越是优秀的人，身上的这个特质越明显。所以接下来，我会分享5个让我们变"富有"的习惯，希望与你共勉。

大量阅读和自学的习惯

这些年我一直都在大量阅读和自学，获得了很多有效且有价值的信息，这些信息最终成就了当下的我。当然这里所说的阅读和自学，指的并不是盲目地阅读，而是有针对性地阅读一些与行业相关的书籍，并花时间自学与行业相关的技能。

据统计，88%的成功人士每天会花至少30分钟来阅读，充实自己，63% 的成功人士会在上下班的途中听与教育有关的有声书。可以看出，他们都善于利用碎片化时间去获取知识，而非为了消遣随意找些没用的内容灌进自己的大脑。

一个离开学校就不再学习的人，和一个每天都保持对知识的饥渴、不断学习的人，随着时间的推移，他们之间的差距会越拉越大。一个人如果经常阅读名人传记，那么他一定能从中吸取到很多人生教训，要知道很多成功人士白手起家的过程都是坎坷的，名人传记中记录着他们的思考，以及遭遇的人情冷暖、大起大落，绝对会对一个人产生激励和引导作用。

比如，曹德旺的自传《心若菩提》记录了曹德旺堪称传奇的一生。但是从他的自述来看，讲述得更多的是一件件平凡的事情，曹德旺并非神人，也没有远超常人的智慧和天赋，他的成功更多源于自己的努力和勤奋，这些朴实的道理让他实现了从一穷二白到亿万富翁的逆袭。

自从创业之后，我慢慢喜欢上了历史，我觉得在现实生活中遇到的创业问题都能在历史故事中找到答案。如果你也想培养自己的老板思维，那么不妨从看历史剧开始，了解各个朝代的兴盛和衰亡，进而理解万事万物的周期性和创业所需要的各种思维，普通打工者和老板的所思所想确实是不一样的。

当你在生活中过得不如意，感到浮躁的时候，应该反思自己是不是已经很久没有主动学习了。富有并不是指变得多有钱，阅读也并不是指单纯地看书，大量阅读和自学，是让你变富有的第1个习惯，也是一个人想不断变好而必须要做的事情。

保持与成功人士建立关系的习惯

保持与成功人士建立关系的习惯的言外之意是，我们应该尽可能地避免和有消极心态的人过多来往。在我看来这并不是功利或不讲感情的表现，因为很多有消极心态的人会把一些负面情绪传递给你。比如，你在做某件事情时，他总会打击你，认为你一定做不成，做了也是浪费时间，长此以往，你势必会受到影响，从而使自己的行动和发展受到阻碍。相反，如果你与很多成功人士建立了关系，那么不仅可以从他们身上学到很多成功经验，还有可能获得一些意想不到的机会。

关于人脉，很多人都有一个认知误区，总以为认识某个人就叫作人脉。但人脉并不是代表你认识了多少人，而是有多少人认识你、认可你，甚至信赖你，当你有一天需要帮助的时候，一个人或一群人会愿意帮助你，相反，你也能帮助到对方，这才叫真正的人脉。

高效成长的法则是与比自己强的人建立人际关系，但前提条件是你们能互相成就，或者有价值交换的可能。成年人的社交很少会以单纯的情感交换为前提条件，所以这就要求"打铁还需自身硬"，要想与成功人士建立并保持关系，你需要做持续性的价值交换。

我发现，如果一个人每年都在不断结交新朋友，就代表这个人在快速成长。所以，让你变富有的第 2 个习惯是，不断与成功人士建立关系，不断刺激自己成长。

避免浪费时间的习惯

浪费时间是一种可耻的行为，尽管我在浪费时间这件事情上是一个知行不合一的人。时间是我们所拥有的最宝贵的东西，一旦失去就无法重新获得，而让自己变富有的第 3 个习惯就是避免浪费时间。富有的人都非常珍惜自己的时间，他们会雇用人才为自己赚钱，把一份时间卖很多次以达到最大化利用，也不会把时间过多地浪费在无意义的事情上，这是他们变富有的原因之一。

所以强调时间的重要性是非常有必要的，虽然在你我看来这是寓言故事所要传达的道理，但往往越是这些朴实无华的小道理，越能铸成不普通的人生。

我们都知道钱生钱的方式是投资，有人把钱投到股票市场，有人把钱拿去买彩票，其目的都是赚取利润，结果是他们有可能输，也有可能赢，投资有一定的风险。但我认为有风险并不是最可怕的，因为本金是有机会赢回来的，而一种叫作时间的本金一旦失去我们就无法再赢回来。

假设从出生的那一刻起便拥有时间，我们手握大把的时间，会自然而然地认为时间是免费的，也不会在乎时间的价值。有时候感觉自己还是个孩子，却已经到了要结婚的年纪；口袋里还没攒下多少钱，却已经三十而立。这时候才慢慢意识到时间的流逝究竟有多快，原来无意间已经浪费了这么多时间，把大量的时间挥霍在了毫无意义的事情上。

富有的人对于时间可谓是精打细算，时间对于他们来说就是最重要的资产。比如，很多小有成绩的创业者都非常善于管理自己的时间，虽然在创业早期需要自己处理很多事情，但是当业务发展趋近稳定的时候，他们会立马把用时间换钱的模式，转变成用钱换时间的模式。有的人一小时的咨询费能达到上万元，而有的人一小时的咨询费只能勉强为 100 元，为什么会有不一样的结果？自然在于两者对于时间的重视程度不同。不重视自己的时间，不花时间去让自己值钱，自然不可能在市场上卖出好价钱。

你可以算算自己当前的时间值多少钱，经过计算后你会发现，原来一个月七八千元的工资并不高，自己的时间也并不值钱。我想这时候你对时间的重视程度应该会高一些了。

发展多个收入渠道的习惯

我当前的收入渠道一共有 4 个，其中两个为主，两个为辅。

其实很多积累了自己生产资料的人，一般都不会甘心依赖单一的收入渠道，不管是有居安思危的意识，还是想赚得更多，他们都会发展多个收入渠道，也是保持让自己变富有的第 4 个习惯。事实证明，这种习惯确实能给他们带来更多收入。

但"多"往往意味着时间和精力的分散，发展副业需要在保证自己主业不受影响的前提下去做，甚至需要考虑所谓的发展多个收入渠道能否给自己带来长期价值，否则很容易捡了芝麻丢了西瓜。

在自己还有剩余精力的前提下，我们应该认真思考如何做一个能独立赚钱的个体，来面对职场各种不确定性因素。大部分身处职场的打工人往往都是一个萝卜一个坑，一旦遭遇裁员或降薪，就会变得很被动。

但是那些总是喜欢折腾，发展出多个收入渠道的人，就会相对主动很多。毕竟其中一个收入渠道受影响，其他的收入渠道还可以作为后备保障。需要注意的是，发展多个收入渠道应该避免一心只想赚快钱的心理，否则非常容易掉入市场给你准备的加盟、投资的陷阱中。

保持耐心的习惯

耐心是一种很好的品质。很多人之所以做不成一件事情，大多数是因为败在了没有耐心上，他们总想快速得到结果，快速赚到钱，却忘了成功并不是一朝一夕就能获得的。

有人曾做过一个调查，白手起家的成功人士平均用 12 年时间才积累起自己的财富。这表明赚钱这件事是急不来的，并且在我认识的大部分创业者中，那些能赚钱的业务，无不是在确定了一个正确的方向之后，慢慢积累出来的结果。

我们团队有一项短视频培训业务，不少学员参加完培训后刚发了一条视频发现没播放量就开始抱怨，完全不去想是不是自己的问题。没有成绩只有两个原因，要么方向不对，要么放弃得太早，类似的例子其实很多。对于那些做出成绩的人，大家都只看到了他们光鲜的一面，却没看到他们背后耐心的付出。

在方向正确的前提下，保持耐心是一个难得的好习惯，也是让你变富有的第 5 个习惯。往往好运的降临很大一部分都要归功于耐心，盲目坚持偶尔会无心插柳柳成荫，但要想有出乎意料的事情发生在自己身上，请在正确的方向上，再多一些耐心。

第 5 章

善用流量，让自己值钱

如何让自己变得值钱

掌握流量，是普通人翻身的唯一机会

普通人如何做副业赚钱

超级个体独立赚钱的秘密

个人 IP，是普通人逆袭最大的机会

如何让自己变得值钱

很多人都会抱怨自己的工资低，但我认为所有的问题在出现之前，我们都应该思考自身的问题。你认真对待工作了吗？你的专业技能是否匹配得上当前收入？你所做的工作对你来说是否算是一份合适的工作？你所在的岗位是否非你不可？

你在职场上其实是一个"商品"，能赚到多少钱取决于你能提供多少价值。在经济学中，价格是围绕着价值波动的，你能提供的价值越大，你的收入自然就会越高，与其怨天尤人，倒不如认真反思如何才能让自己在职场上成为一个"值钱"的人。

我们一直都在追求如何赚到更多的钱，但赚到钱的前提是让自己变得值钱。很多有钱人不一定值钱，但是值钱的人早晚都会变成有钱人。我们之所以读书，之所以接触优秀的人，之所以不断地提高认知，是因为学习和积累的过程，就是让自己不断值钱的过程。

这个时代，各行各业的竞争压力都非常大，在努力只能算是标配的前提下，我们还有什么理由一直待在舒适圈？要想不被同龄人超越，要想应对职场中各种不确定性的因素，我们能做的只有终身学习，不断让自己变得更值钱。成长最重要的不是赚钱，而是让自己变得值钱。

有一本书叫《让自己更值钱》，这本书是美国个人成长培训师博恩·崔西的作品，里面有一段话我非常认同。

一个人最大的智慧，是从来不停下自我提升的脚步。让自己越来越值钱，靠的不是一蹴而就的技巧，而是日积月累的努力。当你善于利用时间，才能将每一寸光阴过得充实、高效；当你坚持长期主义，才能在时间复利下脱颖而出；当你懂得掌控情绪，才能以平常心处理人情世故；当你不断投资自己，才能拥有稳定生活的底气。未来，你会发现，现在的每一分沉淀与专注，都是在成就自己宝贵的人生。

确实如此，如果一个人在职场上没有持续迭代和提升自己的技能，他的赚钱能力就会自动降低。这是一个非常残酷的事实。下面给你分享 5 种能让自己变得值钱的方法。

进入正确的行业，并修炼自己的技能

很多人在大多数情况下并没有把自己放在一个正确的位置上，没有把自己的优势和特长发挥到极致。比如，刘备善于用自己匡扶汉室的梦想去笼络人心，而诸葛亮善于为刘备出谋划策，如果把两个人的位置做一个调换，职位和技能不匹配，自然不可能成就一番天地。

行业不同，所练就的技能也不同，不同的技能又会产生不同的价值。比如，一个人日复一日地送外卖或在工厂里做流水线的工作，这些机械性的工作对他来说并不会有任何的成长空间；一个人开出租车几十年了，开车这项技能经过时间的沉淀并不会有特别大的突破，也不可能让他升值从而赚到更多的钱。这些机械性的技能上升的空间是有限的。但如果一个人的技能是写作、演讲，在新媒体背景下，这个人不断提升这些技能，就会不断让自己变值钱。

所以你应该思考的是，当今，什么样的技能能让自己变得值钱？如果能找到让自己变得值钱的技能，你就通过大量时间刻意练习去掌握它。有时候我们不应该太着眼于当下的利益，而应该把一部分时间用在自我技能的提高上。

一个残酷的事实是，很多人身上的技能其实并不值钱，这是相同岗位不同薪资的主要原因。如同学习武功秘籍一样，别人能练到 9 层功力，但你处在入门水平，拿什么和别人比？所以要想让自己变得值钱，就要从事正确的行业，并不断精进自己的技能。

提高不可替代性，让自己变得稀缺

物以稀为贵。在个人成长上，道理是一样的，当你掌握市场稀缺技能的时候，你自然就会更值钱。当下乃至未来很多行业都充满了竞争，这是我们不得不面对的。所以提高核心竞争力，具备不被多数人替代的能力，自然就能有效地让自己变得稀缺，变得值钱。

我刚参加工作的时候，入职一家互联网公司，做内容编辑工作，那时候团队就两三个人。我当时想的是，如何让自己在这个岗位上具备不可替代性，以及除了能写出传播度很广的文章，我还可以在哪些方面有新的突破，进而让自己的位置更稳固。

很多人仅仅把工作当成任务，把老板布置的任务做完就行，从来不想过多付出，这恰好顺应了工作奴化人性的本质，同时这样的心态是在阻碍自己的发展。你始终要记住：老板雇用你不是让你来学习和成长的，而是让你用自己的技能来帮公司解决问题的。面对工作中遇到的各种问题，你要做得比说得好，而不是说得比做得好。懂得职场快速晋升的人，往往都是先自己提出 10 个问题，再想出 20 个解决方案的人。

在职场上，机会都是主动出击得来的，为了让自己的事业得到迅速发展，除了练就自己的核心技能，你还应该思考你所在的行业或岗位，阻碍你的收入增长的最大阻碍是什么，有什么事情是只有你能做，别人做不到或做不好的。

所以要想让自己变得值钱，就要提高在岗位上的不可替代性，提高自身的核心竞争力，让自己变得稀缺。

你越稀缺，你就越值钱。

让自己掌握生产资料

电视剧《三十而已》里有这样一幕场景，高端奢侈品销售员王漫妮因为某种原因准备离职，她说自己积累了这么多年的客户资源，走的时候可以把这些客户资源都带走。这时候，主管冷笑一声说："你要记住，客户看重的是你卖的这个品牌，并不是你这个人。"

这幕场景反映出一个事实：掌握生产资料的人永远都拥有话语权和主动权，公司并不会因为损失一个销售员而经营不下去。

不管是年薪 10 万元的普通打工者，还是年薪百万元的"打工皇帝"，大家的工作都需要依附于所在公司的资源。销售员卖的产品是公司生产的，"打工皇帝"管理的员工也隶属于公司，当有一天因为各种原因不得不离开公司时，他们只会带走个人所积累的行业经验或所谓的人脉，并不会带走公司的核心资源。

老板始终是掌握着生产资料的人，作为打工者，我们仅仅是这条商业流水线上的工具而已。比如，在我的新媒体公司里，我积累的粉丝就是我最重要的生产资料，我可以雇用设计师、编辑、销售人员、项目合伙人来为我工作，当他们有一天要离开时，是不可能把我的生产资料带走的。

我在 2022 年上半年开展了几个新业务，让不同的人独立负责，我给他们提供业务指导和流量，他们只需要做好执行和项目的交付工作即可。其实这个模式就相当于他们用自己的技能来承接我的生产资料，即便我把每一个项目一半的利润分出去，也可以赚到另一半的钱，在这个过程中我并没有付出太多的时间和精力。

打工是指把自己的时间批量卖出去，在帮助老板完成具体的工作后获得一定的报酬。打工者创造的收益除去支付自己的工资，剩余的大部分都进了老板的口袋。这就是掌握生产资料和没有掌握生产资料的区别，老板赚的一直都是剩余价值的钱。

我认为一个人要想有突破性发展，在职场上就一定要有"叛徒心理"，这并非一个贬义词，而是自我发展之路上必有的。不想当将军的士兵不是好士兵。只知道为别人做事，是不可能赚到大钱的，在大多数情况下，一旦习惯了顺从和听指挥，就会使自己的发展受到阻碍。

在很多新媒体公司，很多老板其实是不允许自己的员工靠公司的资源发展自己的，但在我看来，我倡导个人独立发展，鼓励他们成为一个个能独立赚钱的个体，而且这种合作共赢的方式能让大家的利益最大化。

作为一个普通人，你要有长远的目标，在职场中不应该有混日子的态度，应该一边精进自己的能力，一边想办法积累自己的生产资料。一个人的时间是有限的，如果仅仅当一个打工者就有很大的局限性，但是如果你掌握了一定的生产资料，不管是流量、人脉还是资源，就有可能摆脱局限性，有独立赚到更多钱的可能。

要记住：当你不值钱时，你赚一分钱都需要求助别人；但是当你变得值钱之后，别人就会来求助你。

把经验变成作品

有这样一个段子，企业在面试员工的时候一定要注意甄别，有人说自己曾"西天取经"，简历也写得花里胡哨，你便以为他是唐僧或孙悟空，结果工作之后才发现，原来他只是沙僧肩上挑的扁担。

要有积累代表作的习惯。现在很多人宣传自己都会有意无意地加入各种包装，以显示自己经验丰富，这当然无可厚非，但如果你没有亲自参与过项目，根本没有一点实战经验，就说自己独立负责过项目，这多少有点坑蒙拐骗的意思。靠这种耍小聪明的方式短期内你确实可以获得一定的机会，但从长期来看，如果没有硬实力保驾护航，你就会不堪一击。

所以要想让自己变得值钱，你必须有意识地把自己的经验变成一个能让别人看得见的作品。比如，我写这本书的目的就是让新、老读者"看见"我过去积累下来的经验；我准备一门课程既是为了赚钱，也是为了让我的用户群体对我有更加深刻的认识。

把经验变成作品的意思是，你要有能直接证明自己过去或当前能力的作品。比如，作为一个新媒体编辑，你可以在写的几百篇文章中，挑选出几篇能代表自己写作水平的文章；作为一个

UI 设计师，你有拿得出手的设计产品。你写过的课程、拍过的视频等，你在工作中做过的每一件事情，都算是你的作品。很多人工作多年，简历上写的都是一些让人摸不着头脑的空话，如参与了某个项目、协助了某个产品等，根本让人看不出他们究竟独立做出过哪些成绩。

从现在开始，认真对待你当前的工作，沉下心来积累一些能证明自己实力的作品。当然，把经验变成作品不仅是为了能在工作中获得更多的报酬，更是为了能给自己打造出正面的口碑。如果你对某种事物有兴趣，那么完全可以尝试着将其录制成视频并发布到网上，让你的朋友们更加了解你，积累你在他们心目中的个人影响力。

互联网时代，你不经意间的一次分享，或许对别人来说就是一种力量。

打造个人品牌

这个时代，我们需要深刻理解并践行一句话：任何生意都可以用自媒体的方式重新做一遍。商业需要依托于流量，对于商家或个人来说，不管你从事的是什么行业，要想找到自己的目标用户，打造个人品牌是最简单且最快捷的方式。

在互联网环境中，你只需要通过写作、拍短视频或做直播的方式，就可以展示自己的产品，以此来吸引目标用户。如果用户对你这个人或你的产品感兴趣，自然而然就会与你建立一种销售关系，而非你去求着他来买你的产品。

无论你擅长哪项技能，如写文章、设计、打游戏、弹奏乐器、减肥、摄影等，都可以把它包装成一个内容产品，找到那些对你所擅长的技能感兴趣的人，你把自己的经验卖给他们，这就形成了一个最小的商业闭环。

打造个人品牌的目的是展示自己的专业性，让别人对你形成一定的认知，从而吸引流量。总之，从长远来看，打造个人品牌是让自己变得值钱的终极大招。

扫码回复：自媒体
领取《年入百万，自媒体 IP 赚钱秘籍》PDF 文件

掌握流量，是普通人翻身的唯一机会

不管是实体行业还是互联网行业，其商业模式都是相通的，都需要流量。比如，开饭店需要选择一个好地段，好地段意味着人流量大，这样进店消费的人就会多。当然，同一个地段不太可能只有一家饭店，想要脱颖而出，你就需要有能够吸引人的装修风格和招牌。除此之外，饭店菜品、口碑等都会成为影响饭店生意的因素。

对于任何产品或项目来说，流量就是它的血液。

当然，流量只是一个项目或产品赚钱的前提，想要实现商业价值，还需要用产品去转化这些流量。开互联网公司，其实和开饭店的逻辑是一样的，否则就是赚一次性的钱。

所以不管是实体行业还是互联网行业，都是通过流量转化实现自己的商业价值的，没有流量就赚不到钱。做任何一个项目之前，都应该考虑两个问题：一个是如何找到适合自己的精准流量，另一个是如何构建一款能让用户买单的产品。

流量是互联网公司的核心资源

互联网从 20 世纪 90 年代进入中国后发展迅速。以前互联网对我们来说，仅仅是一个可以收看新闻的门户网站或者娱乐工具，但是今天，互联网已经完全融入了我们的生活。

这些年来，互联网公司群雄逐鹿，有些当年傲视群雄的互联网公司早已消失在时代的尘埃中。而有些互联网公司经历各种周期，依然屹立不倒，之所以能"赢者通吃"，是因为它们一直掌握着行业的核心资源，即流量。

我认为，互联网公司的发展和经营非常值得普通人去研究和学习，因为个体之间的竞争，其实和互联网公司之间的竞争是有异曲同工之妙的。

互联网公司赚钱的本质，其实就是把流量聚集起来再变现，只是各公司聚集流量的方式不同而已，如美团提供生活服务、滴滴提供打车服务、抖音提供视频娱乐服务。

任何一家互联网公司都需要为用户提供具体的、有价值的内容或服务，才能聚集起一大批流量，最后通过平台上的这些自有流量进行广告变现、电商服务，甚至贷款业务。纵观整个互联网行业，采用的基本都是这种模式。只是每一家互联网公司因为入场时机、资本支持、行业资源、营销手段的不同，在行业内拥有了不同的地位，而影响其地位的最终指标，一定是其拥有多少流量。

针对个体而言，同样如此，一个普通个体如果在适当的时机提供一定的内容或价值，找到对自己感兴趣的用户，就能建立起自己的核心壁垒，同时他在行业里的地位也会得到提升。不管是互联网公司还是拥有流量的普通个体，随着整个流量市场增量的放缓，获取流量的成本会变得越来越高，培养一个新用户的成本可能两年前为 0 或只有 2 元，但是到了今天已经翻了 10 倍甚至100 倍。

所以早早认识到流量的重要性，并且提前布局让自己掌握流量，不管是对于互联网公司还是对于普通个体来说，都显得尤为重要。

流量就是壁垒

大家都知道做生意的核心资源是流量，可是对于普通个体来说，很多人是没有流量思维的，不知道怎么吸引流量，也不知道靠什么吸引流量，更不知道怎么转化流量。

1. 具备流量思维

时代的车轮一直滚滚向前，哪里有流量哪里就有生意，现在及未来值钱的都是时间和注意力。

如今很多人都感到迷茫和焦虑，每天做着简单、重复性的工作，根本没有任何成长，未来也没有一个明确的方向，更没有主动学习的能力。毕业多年，发现自己的时间根本不值钱，自身也缺少核心竞争力。但是时代让我们有了更多的机会处于社交网络环境中，如公众号、抖音、小红书、B 站、快手等平台，数以万计的人凭借内容生产者的身份，找到自己的目标用户，获得丰厚的报酬。原因在于他们有流量思维，并且知行合一，不断在实践中得到结果。

2. "1000 个铁杆粉丝" 理论

写到这里我不得不再提一下著名的 "1000 个铁杆粉丝" 理论，这个理论出自美国作家凯文·凯利的《技术元素》一书。凯文·凯利认为，任何的内容生产者，如艺术家、音乐家、摄影师、演员、工匠、设计师、视频制作者、作家，拥有 1000 个铁杆粉丝便能糊口。这里的铁杆粉丝是指无论你创造出什么样的作品，都愿意付费购买的人。

在凯文·凯利的假设中，铁杆粉丝每年会用一天的工资来支持内容生产者的工作，这里的"一天的工资"是一个平均值，因为铁杆粉丝花的肯定会远远比这多。按照比较保守的方式来计算，如果一个铁杆粉丝每年愿意为内容生产者的产品支付 100元，那么 1000 个铁杆粉丝为其产品支付共计 10 万元。

对内容生产者来说，这个收入能够解决基本的生存问题。如果粉丝足够忠诚，产品价格足够高，平均下来的消费就会更高，那么这个内容生产者每年会有几十万元的收入，完全可以超过普通打工者的收入。

但是对于一个普通人，特别是没接触过互联网的人来说，拥有 1000 个铁杆粉丝是一件极其困难的事情。首先，大部分人不具备生产内容的能力，不会写文章，不会拍视频，不敢做直播，这些都是阻挡普通人去实践"1000 个铁杆粉丝"理论的大山。

其次，即便很多内容生产者能掌握这几项技能，但想要有1000 个人看到并购买他们的产品，也可能需要以 10 万个、50万个，甚至 100 万个粉丝为基数。因为"1000 个铁杆粉丝"理论背后还存在一个叫转化率的概念。

"1000 个铁杆粉丝"理论的逻辑是，用自己生产出来的内容获取那些免费的流量，培养出自己的铁杆粉丝。那么，没有能力获取免费流量的人是不是就没有机会了？以我的经验来看，并非如此，我们依然可以通过另一套逻辑实现流量变现。那就是将通过内容获取免费流量，转变成通过付费购买流量，让用户直接对我们的产品感兴趣，直接成为我们产品的精准消费者，这样做可以达到同样的效果。

比如，你擅长某项技能，并想找到一些对你的产品感兴趣的用户，但是你并不擅长获取免费流量，这时候就可以投入一部分资金，找到那些对你的产品感兴趣的人，从而用自己的产品打动他们，让他们成为你的产品的消费者。

如果用户是你的粉丝，他就会因为偶像的推荐而购买某款产品；如果用户不是你的粉丝，只要你的产品足够有价值，他同样会付费。前者是因为人而付费，后者则是因为产品本身的卖点而付费，也就是你并不需要从一开始就用你创作的内容去打动用户，让他成为你的铁杆粉丝，而仅需要做出一款优质的产品去吸引他，让他对你的产品感兴趣，这样做会更高效。

在互联网做流量转化时，你并不需要成为一个公众人物，而需要成为一个做好产品的工匠。不同的逻辑依然可以达到异曲同工的效果，前者可能需要有数以万计的粉丝基数，才能转化1000个付费用户；后者可能只需要5000个粉丝基数，就可以转化1000个消费者。

不要做"流量马车夫"

我曾和一个朋友在酒吧聊天，聊到他店铺的经营问题。我问他一般是怎么获取流量的，他回答现在基本上都是在美团和大众点评这两个生活服务类平台上开店做宣传来获取流量，如刷好评，除此之外就是门店外这条街的自然流量。

我听完很震惊，总觉得他像恋旧的马车夫，不肯开汽车。然后我反问他为什么不通过拍短视频的方式去获取流量，现在大部分的流量都在抖音、快手这类短视频平台上，这可是一个很好的曝光机会。以前很多人都是通过发传单宣传自己的门店。后来有了微博和公众号，人们开始通过这两个渠道增加店铺的曝光率。现在短视频成为最大的流量来源，哪个平台的流量大，哪个平台就有生意。

其实通过短视频的方式宣传门店，就类似于发传单，如果创业者能在大量的流量里面找到进店消费的人，那就能赚钱。大部分传统行业的创业者其实一直都被固有的思维束缚住了，没有全新的流量思维，一直在等着客户主动上门，根本没有主动向外探索流量的意识。如果他们能利用好如今比较火的几个短视频平台，或多或少就会为自己的店铺增加一定的曝光率，而且从中获得的还都是同城流量，不利用起来真的太可惜了。

得流量就是得人心

这几年做自媒体，我创建过一个付费社群，在运营 3 年之后，最终因为精力有限而选择停止运营。这个社群截至关停时一共吸引了近 6000 人付费，当时我承诺的服务内容是为会员提供一个优质的互联网圈子，帮助大家连接优质人脉，为大家提供一些能提升赚钱能力的信息或活动。

运营社群是比较耗时、耗力的，我需要不断想出新的玩法和活动来维持用户的活跃度，虽然提供了对等的服务内容，但在运营用户这个层面，我并没有做到知行合一。下面分享一些我对于流量经营，特别是付费用户维护方面的反思和总结，希望对你有所启发。

针对具有社交属性的社群生意，用户付费的首要诉求不一定是社群里产出的内容，有可能是社群中的人脉价值。所以基于社交的本质，要想把一个社群运营好，除了内容、活动必须达标，你还需要付出更多的关于情感沟通的成本。

大部分掌握流量的人，一直习惯性地把用户视为流量。比如，前几年做电商的淘宝客，在项目的红利期，只需要引入一些流量，就可以通过赚取佣金的方式实现流量转化。那时候还属于移动互联网早期，用户并未对其形成一定的认知。但现在，用户对互联网有了一定的认知，并把互联网当作表达情感、释放情绪的平台，所以想要吸引付费用户，你不仅需要有人情味和能打动用户的传播文案，还需要持续和用户产生连接，让用户有更好的体验，以此形成口碑传播。

如果你还用对待流量的方式对待自己的付费用户，就会导致你的生意一定是一次性的，既无法形成口碑传播，也不可能形成转介绍。这时候"1000 个铁杆粉丝"理论就无法成立，你就需要持续不断地寻找新流量。

反之，如果你把用户当成朋友，他也认可你所带来的长期价值，这样就很有可能爆发出巨大的转化能量，比如，他会多次购买你的产品或服务，会自发地给你带来新客户。复杂的地方在于，功利的社交关系既不能被量化，往往又会掺杂着一些技巧性的欺骗，对于不同的用户来说，有人能无感知地接受，而有人会看出端倪。

很多人现在做互联网产品变现业务，一般都只有流量获取和流量转化这两步，这是极其不健康的一刀切玩法。正确路径是"流量获取—流量转化—深度运营—复购"。你必须充分了解、清楚自己的用户为什么付费，他们的真实需求是什么，他们购买的是你产品的内容价值、品牌价值、人脉价值，还是其他。

随着移动互联网的发展，流量越来越贵，早期公众号的一次点击量可以卖几分钱，现在却可以卖到几元到几百元不等。如果按照一刀切玩法，今天引流转化一次，明天再引流转化一次，最终就会导致流量成本高于转化利润，商业模式土崩瓦解。

除了我自己运营过的付费社群有这个问题，还有很多类似的付费社群，无一不是创业者先建立一个付费产品的入口，然后不停地引入新流量，由于没有提供用户体验服务，最终使付费社群走向衰亡。但是在互联网圈子里，有人把社群运营得非常好，他们仅靠为用户提供社群服务、人脉资源，就能够把社群做成一款利润产品。原因就在于他们懂人性，懂社交价值。

以上是我对做付费社群的反思和总结，对我来说，我获取流量的能力可能强于大多数人，但是在用户运营层面我做得并不到位，没有花足够多的心思去维护自己和付费用户的社交关系。

古代决定一个人地位的，除了兵马和土地，还有民心所向。在互联网时代，不管是平台还是个人，若想赚钱，除了掌握流量，更重要的是懂人心。

普通人如何做副业赚钱

坦率地讲，大部分人对于副业的理解都是错误的、浅显的，都只停留在了短期有一份收入这个层面。我想通过自己的经验向你传递一个观点，做副业不应该只是短期有一份收入这么简单，而更应该做积累，做一件能让自身能力得到提升，并且能给自己带来长期价值的事情。

现在大家的压力都很大，各行各业都有一定程度的裁员风险、现金流压力等，大家都在急切寻找一份能赚钱的副业，但是越急就越容易掉入很多副业陷阱，最终不仅钱没赚到，还消耗了自己大量的时间和精力。

所以，如何判断一份副业是否值得做，在什么情况下适合做副业，在什么情况下不适合做副业，这些都是我们在做副业之前应该思考的问题。

如何判断一份副业是否值得做

很多人只知道用劳动和技能去赚钱，这种变现方式是单一且有天花板的，你花时间去做就能挣钱，一旦不做，你的收入就没有了。假如你的另一份事业也是如此，其实本质上还是没有什么变化，顶多是你有两份工作。

兼职和副业的一个本质区别是，兼职是付出一定时间和劳动去做的一件具体的事情，可以让你获得即时收入。但是副业并不能保证你做了就能赚到钱，它更像是一种创业尝试。这两者的本质区别是我们继续讨论之前，需要达成的一个共识，否则大家对于副业的理解都不一样，自然也就失去了探讨的意义。

搞清楚了兼职和副业的区别之后，我们再来聊一聊，判断一份副业值得做，需具备哪些条件。

1. 不能耽误自己的主业

一旦选择做副业，在一定程度上就势必会消耗自己的时间和精力。比如，你是一个新媒体编辑，为了多赚一些稿费而选择给别的媒体写稿，可最终因为自己精力有限而耽误本职工作，进而丧失职场晋升的机会，这种情况不应该发生，尽管做副业的目的不是提升自己主业方面的能力，但最起码不能耽误自己在主业上的发展。

我刚大学毕业的时候，在一家新媒体公司当编辑，每天的工作就是撰写稿子。当时项目组负责内容的同事有三五个人，为了赚取更多的收入，很多人都会选择去接其他公司的单子，有时候他们为了尽快完成兼职的稿子，经常会在工作时间去写，最终导致主业该完成的内容没完成好，兼职写的稿子也一塌糊涂。

当时我想的是，与其多赚些稿费，倒不如认真完成本职工作，提升自己在职场中的竞争力。我是这样想的，也是这样做的，后来我的写作能力在团队里是最突出的，我很快就在团队里占据了主导地位，成了项目负责人。我的表现让我在后续发展中得到了很多机会，甚至起到了决定性的作用。

所以做副业的前提是一定不能耽误自己的主业，人的精力是有限的，用一份时间去做两份工作，先不说能不能按时完成，即便完成了大概率也是不合格的。总之，主业求生存，副业谋发展，想要谋求副业上的发展，就需要先把主业做好。

当然，如果你很厌恶自己的本职工作，下定决心要转行，那么完全可以尽早多花时间去研究副业。

2. 带来长期价值，让你提升能力、积累资源

我在正式进入自媒体这个行业之前，有过大概一年的潜伏

期，在这一年内没有做出任何成绩，也没有赚到一分钱，但是我依然在不停地写文章。因为我很清楚"3 年入行，5 年懂行，10 年称王"这个道理，在任何一个行业发展都不容易，赚钱也并非一朝一夕。如果没有长时间"浸泡"在一个行业中，对一个行业没有深刻的认知，那么我是很难做出成绩的。

反观我的一部分同学，一毕业就去做销售，但是在做了一年之后没做出成绩就转到另一个行业，做了一年又发现自己不适合这个行业，最后就会觉得很痛苦。造成这个结果其实并不是因为他们不适合做销售，也并不是因为销售不是一个能给自己带来长期价值的工作，而是因为他们不知道在一个行业中要想做出成绩，需要花费很多时间去积累资源、提高能力。

在准备发展副业之前，除了想清楚副业能不能给自己带来长期价值，能不能让自己积累到一些可以长期使用的技能和资源，还要明白成绩是靠时间堆出来的。

做副业不应该只看它能不能赚到钱，还应该看它能不能让自己有突破性成长。比如，你去做自媒体，就算最后没赚到钱，在这个过程中你也提升了写作能力，提升了拍视频和做直播的能力。又如，你去做销售，就算最后没赚到钱，你也提升了为人处世、与人沟通交流的能力，要知道在当今这个时代，这些都是非常难能可贵、可以带来长期价值的能力。

3. 带来复利价值

复利是经济学中的一个名词，用于计算利息。在做副业之前，聪明人往往都会考虑这件事能不能给自己带来复利。比如，我从事的自媒体行业，所要求的写作、拍视频、做直播的能力未来就能给自己带来复利价值。写好的一篇文章、拍好的一条短视频，甚至一场直播回放，都是你花时间创作出来的作品，只要这个作品在平台上一直存在，都是有可能被读者或观众看到的，它可以不断地给你带来客户和扩大影响力。

而我之所以写书，是因为书籍能穿越时间的周期，给我带来长期的回报。在副业的选择上，我们要学会"精打细算"，如果一份副业只能赚到一份钱，这对我们来说就是一笔不划算的买卖。

实现复利的长期价值需要具有长期思维，它的结果也因人而异，但这就是复利最有魅力的地方。当然，所谓的长期价值一定是建立在你没有经济压力的情况下做出的一种明智选择，如果你在都吃不饱饭的前提下坚持所谓的长期价值，那就有点钻牛角尖了。

在什么情况下适合做副业

其实做副业、当"斜杠青年"，并不是在任何情况下都是适合的，我开始做自媒体，也是把它当作副业，直至副业收入远高于主业收入，才把副业变成了主业。

有些人恰巧看到别人做副业很赚钱，于是开始疯狂寻找副业，但往往会捡了副业这个芝麻，丢了主业这个西瓜。

赚钱能力是可以通过学习来培养的，但在大多数情况下，很多做副业培训的老师，卖的也仅仅是经验和服务，他们讲述的大多数成功案例的可复制性并不强，你能获得的顶多是一些思路罢了，尤其是很多培训广告，它们向你展示的成功案例本身就具有很强的迷惑性。

所以做副业之前最好先进行自我判断，不然你很容易成为别人宰割的对象。以下 3 点是我认为的适合做副业的条件。

1. 不带功利心，以兴趣为导向去做一件事

我认识的很多自媒体博主，写公众号文章、拍短视频，都是利用空闲时间，而且不带任何功利性的目的。尝试做这一行仅仅是因为他们喜欢表达，有兴趣，而赚不赚钱根本不在考虑范围内。

前面我也说过，我一开始也是利用空闲时间写公众号的，随着粉丝量的积累，当副业收入远超主业收入的时候，我才选择副业"转正"，全职去做自媒体。这期间，我想的是积累经验，而非赚钱。后来我发现了一个赚钱的道理，即功利心可能是赚钱

的拦路虎，那些你越刻意去做，越在乎收益的项目，反而越做不好。

如果你看中一个行业或项目，并且自己有兴趣和能力去做，那么最好马上去尝试，先把赚钱抛在一边。比如，你天生是个爱表达的人，便可以尝试拍短视频，就算失败了也没关系，人是需要尝试去解锁一些新技能的，通过每一次失败所积攒的经验，都会成为下一个项目的垫脚石。

2. 主业没有上升空间，日子过得太闲

如果你现在每天朝九晚五，下班没事做，上班事也少，那么一定要再去寻找一个自己感兴趣的领域，尝试走出一条新路，而不是接受现状。因为这种情况如同温水煮青蛙，时间长了你会失去上进心。

另外一种情况是，有些人已成功让一个项目正常运转起来了，但是这个项目已经没有多大的上升空间，作为项目的创始人，他们的成就感会降低，会找不到做这件事的价值，会陷入迷茫。这时候他们同样需要寻找人生的第二曲线，去发现一些能给自己带来刺激的新项目。

处在这个阶段的老板缺的不是钱，而是从 0 开始做一件事情的挑战精神。

3. 低风险试错

发展副业，不要一上来就做成本很高的项目。打个比方，如果你对拍短视频感兴趣，在还没开始拍之前就购买了昂贵的拍摄设备，那么这是非常不明智的，这会使你的试错成本非常高。作为新手，正确的做法是，先把脚本写好，再找个质量稍微好一点的手机，入手低廉一些的录音设备，便可以拍短视频了。在有低成本试错机会的时候，千万别为了所谓的面子而花掉一些不该花的钱。

以上 3 点，是我认为可以尝试做副业的条件。如果满足其中一条，你就可以开始去尝试做副业，寻找自己人生的第二曲线了。

在什么情况下不适合做副业

1. 功利心太强，一心只想赚"快钱"

缺乏耐心是一个人成长的拦路虎，大多数人对于做一个项目是没有耐心的，都想在第一时间赚到钱，这种心态是不健康的，是很危险的。况且对于赚"快钱"这种事情，很多人是把握不住的，很容易铤而走险，最终毁掉自己。

之前我写过很多关于靠灰黑产赚钱的案例，有些人为了赚"快钱"和赚大钱选择去做那些不合法的生意，虽然刚开始他们抱着赚一波就走的心态，但人性是不可把控的，失去理智往往就在一瞬间。赚一次"快钱"对一个人心态、判断力的影响非常大，会导致他一错再错。所以守法一定是做副业的硬性条件。

2. 一心就想加盟和投资

很多项目开放加盟，一是为了扩大自己品牌的影响力，二是为了赚加盟费。很多项目在开放加盟的时候，往往会宣传得非常诱人，各种福利、各种前景，让你感觉自己明天就能赚大钱了，殊不知这里面到处是"坑"。虽然创业没有固定章法，通过加盟赚到钱的人也不在少数，但是这非常考验一个人对行业的认知和判断，一不小心你就有可能掉入陷阱。

除了加盟，投资也要慎重。并不是说我们不能去投资某个项目，而是在投资这个项目之前，你必须是了解这个行业的，并问问自己："凭什么自己投点钱，什么事情都不用做，就能坐等分钱？"所以加盟和投资自己不熟悉的行业，千万要慎重。

3. 收益低、耗费精力、无积累

很多人做副业实际上既耗费精力，所得收益又低，而且还无法让自己有所积累。权衡下来你会发现，自己耗时、耗力赚到的那些小钱，都是单份时间的小钱，从长期来看根本不值得一提，真不如用这些时间去想想如何提升自己在职场上的竞争力和不可替代性。

超级个体独立赚钱的秘密

很多人认为，最近几年各行各业的形势急转直下，整个互联网行业进入寒冬状态，大多数互联网公司要么降薪，要么裁员。可实际上，这种现象每年都会出现。

几年前，市场活跃，创业者用一个有想象力的故事就能打动投资者，从而推动各种项目敲钟上市。如今，在各行业红利快被消耗殆尽的前提下，各家公司业务增长速度放缓，创新业务的增长又显得极其乏力，公司的发展战略就必须调整为控制成本，以利润为驱动。

公司没有多余的预算去铺张浪费，所以只能断臂求生，撤销一些不产生利润的部门。这时候大部分打工者由于缺乏职场核心竞争力，往往在害怕被裁员的同时，使劲"内卷"。除了有点经验的职场打工者，市场上每年还会有近千万名大学毕业生带着一纸证书四处求职，作为新人，在刚进入职场的时候没有任何优势。

不过好消息是，已经有越来越多的人在赚钱这件事上实现了自主性和灵活性，他们不再依附于任何一家公司，而是靠自己在某些方面的才华和能力，把自己转变成一个最小的商业个体。

他们或许还可以成长为一个"超级个体"，甚至成立一家独立的小型创业公司，两三个人就能撬动百万元收益。即便整个商业环境大不如前，互联网也依然存在着各种机会，暗藏着极大的可能性和发展空间。

或许让自己成长为一个能独立赚钱的超级个体，才是当今甚至未来，个人实现独立赚钱的最好出路。

什么是超级个体

在解释什么是超级个体之前，我梳理一下大多数人的职业发展路径。一部分人从学校毕业选择进入社会成为打工者，不管怎么发展，其职业生涯顶峰也只能是成为高管或合伙人。一部分人选择创业，一路高歌猛进，顶级的状态是成为企业家。

还有一部分人选择成为"自由职业者"，这是"夹"在打工者和创业者之间的一种职业，是一种社会化用工模式下的产物。

这种职业最大的特点是平等合作、时间自由，是一种以个体劳动为主，自己管理自己的职业，如独立撰稿人、独立音乐人、独立律师、独立设计师等。

随着各种新媒体平台的迅猛发展，如公众号、抖音、快手、B 站、小红书等，"超级个体"这个词逐渐被人熟知，实际上它是自由职业者的一种顶级状态。

不管是传统行业还是互联网行业，只要是一门生意，就逃不过从流量到变现的闭环。"有产品卖，有客户买"就是商业模式的本质。大公司依托雄厚的资本和人才优势，能快速构建一款能卖出好价格的产品，同时，也能用相应的预算做市场投放。

如果一个人既能自己做产品，又能获取流量，还能把交付做得不错，从而形成好口碑，而成功案例和口碑又不断地吸引新用户，或者带来转介绍，形成一个健康的循环，那么这个过程就可以叫最小商业闭环，它是成功打造超级个体的前提条件。

我公司的一个同事非常擅长打游戏，他把自己打游戏的视频配上解说上传到了短视频平台，以此吸引了 100 多万个游戏爱好者的关注。后来他又录制了一个教人打游戏的课程，售价 29 元，一经推出就卖了 4 万多份。他把自己的特长包装成了一款产品，通过自己获取的流量进行产品推广。

如果一个人具备某种专业能力，能在脱离传统雇用关系的前提下，独立完成商业变现，他就能被称为一个超级个体。那些细分领域的头部自媒体博主和主播，就是最典型的例子。需要强调的是，超级个体的经营效率是远高于传统企业的，一个人通过新媒体，获得数百万元甚至上千万元的收入也并不是不可能的。

个体独立赚钱要具备什么能力

在我看来，"超级个体"是一种复合型人才，要想独立赚钱，需要具备 4 种基本的能力，分别是产品能力、获取流量的能力、运营能力和商业整合能力。

1. 产品能力

我们都知道商业的本质是价值交换。只有自己的产品满足了别人的需求，你才有可能赚到钱。产品是整个商业闭环中的核心，如果没有产品，就不会有后续的营销推广，更不可能产生所谓的利润。

我们都需要有一个清醒的认知，想要成为一个能独立赚钱的个体，就要在职场中把自己当成产品。不一样的产品能卖出不同的价格，核心区别在于其提供的价值不同。

你的技能和时间是被公司买断的，你只能在固定的时间为公司服务。但你既然能为一家公司解决问题，就有可能为 10 个人、100 个人，甚至 1000 个人解决问题。

难点在于你需要把自己的技能转化成产品，批量卖出去，这样才能把一个赚钱项目规模化、商业化。比如，一个设计师除了能为公司设计作品，还能把自己的设计经验做成一门课，让自己的一份时间售卖多次。

所以，个体想要提高自己的赚钱效率，无非就两种选择。要么把自己当成产品，提高自己的核心价值，让自己不断地增值，以达到提高产品售价的目的；要么把自己的经验做成产品，卖给更多的人。

2. 获取流量的能力

在最小的商业闭环中，获取流量的能力和产品能力一样重要。互联网已经进入存量竞争的时代，不管是各种 App 还是网站，都遇到了流量增长的瓶颈，加上各种红利的消失，导致个人获取流量越来越困难。在大家产品能力差不多的前提下，如果一个人具备获取到大量流量的能力，那么就能迅速与别人拉开差距。

事实上，有些产品的价值并不大，甚至市场需求并不明显，但它们能卖出高价，核心在于流量放大了产品的价值。比如，拥有相同技能的两个人，没有流量的人只能为公司提供服务，而拥有大量流量的人，可以拥有无数放大自身价值的机会。

在这个时代，要想实现个体低成本独立赚钱，获取流量的能力必不可少。

3. 运营能力

运营岗一直都是一个被严重低估的岗位，大部分圈外人也一直觉得运营工作很简单，其实这是一种行业偏见。运营讲究的是慢工出细活，最终目标一定是指向对用户的管理，延长用户使用某一产品的周期。

我用私域运营来举例。这几年我们也一直在做私域用户的留存和运营，所谓私域运营，指的并不是先把用户引流到微信平台，然后疯狂在朋友圈发广告这么简单。私域运营的本质是积累用户的信任，这要求我们在朋友圈所发的内容，要让用户觉得有价值和有所启发，而且我们需要通过各种小细节体现出这个私域运营的价值感和真实感，给用户建立不同维度的形象，最终提高用户对产品的认可度和复购率。

所以，实现个体独立赚钱，运营能力必不可少。

4. 商业整合能力

前面说过，个体独立赚钱需要具备产品能力、获取流量的能力、运营能力，但每个人的精力都是有限的，只要做好其中一环就已经很不容易了。有的人在流量获取上做得好，其产品能力却不一定强，而有的人产品交付得很好，但他在流量获取上做得不一定好。所以在实现个体独立赚钱之前，必须明确自己的商业模式，到底是以卖流量赚钱为主，还是以卖产品赚钱为主。

如果有些人的商业模式是提供某些解决方案，那么在影响他们变现效率的因素中，相比粉丝量而言，精准的目标用户就显得更加重要。比如，在 App 刚出现的时候，很多企业为了实现流量的增长，会花大量预算去吸引用户注册，结果吸引来的用户都是"泛粉"，这从短期来看确实实现了流量的大爆发，但从长期来看对变现没有任何帮助。当然这里不讨论某些为了上市刻意做高估值的行为。

能同时把获取流量和产品做好，且能取得不错收益的个体是比较少的，所以我们需要进行商业整合。比如，我擅长流量获取，但是对于产品的打造和包装并不擅长，这时候我可以找到能与我的流量相匹配的产品，用合作的方式进行商业变现。

反之也是一样的，如果一个人有一款能变现的产品，但是没有流量支持，那么最聪明的办法不是花时间去吸引免费流量，而是与有流量的人合作，或者自己花钱去购买流量。当你只具备一种独立赚钱的能力时，要尽可能选用效率最高的一种方法，尽可能达到 1+1>2 的效果。

总的说来，要想实现个体独立赚钱，我们需要不断地学习和实践，让自己具备产品、获取流量、运营、商业整合这 4 种能力，从而让自己抵御当下各种不确定因素，实现赚钱的灵活性和独立性。

当然，因为性格和能力的差异，并不是人人都能实现个体独立赚钱，大部分人依然会做着重复性高的工作，只有少部分人能把自己对商业的理解当作杠杆，撬动越来越多的资源和机会，从而获得真正的赚钱自由。对于某些有潜力的打工者来说，他们的潜力是值得被激发的，我们无法左右外在的环境，我们唯一能做的是主动出击，尝试把自己变成一个超级个体，以更好地应对不确定性。

扫码回复：自媒体
领取《年入百万，自媒体 IP 赚钱秘籍》PDF 文件

个人 IP，是普通人逆袭的最大机会

　　无论什么时候，我们都应该拥有自己的底牌，来应对职场上随时都有可能到来的不确定性挑战。尝试不依靠某个公司或组织实现独立赚钱，一直是我倡导的一种生存策略。下面我和大家探讨一下关于个人 IP 赚钱的一些秘密。

　　如今，个人 IP 这个概念已经被大家炒得火热，好像人人都在打造个人 IP，但大多数人对于个人 IP 一知半解，以为在某个平台上注册的账号就叫个人 IP，其实这是不准确的。如果你也想通过打造个人 IP 赚钱，就要搞清楚到底什么才是个人 IP、个人 IP 有哪些流派、打造个人 IP 的底层逻辑等。

　　通俗来说，个人 IP 是指你在某个平台上不断地输出某个群体感兴趣的内容，让他们对你产生信任，成为你的铁杆粉丝，并且未来的某一天，他们愿意为你付费。

所以个人 IP 的本质就是让更多人信任你，从而最终为你付费。

IP 就是注意力

不容置疑的一点是，IP 的价值无处不在，它天然占据着某个行业的头部资源和优势，具有极强的品牌信任度和话题性。

不管是一所知名大学、一座城市、一个当下最火的行业，还是某个热点事件，只要你参与其中进行话题讨论，你的讨论就具备了天然的吸引力，这就是为什么做自媒体的人喜欢追热点，这就是 IP 的力量。

实际上，我们每个人都在向 IP 借势，都想通过某一个 IP 塑造自己或给自己带来某些方面的价值。比如，很多人总是会在朋友圈秀自己和很多大佬的合照，这本质上就是利用 IP 的影响力为自己赋能。

又如，为什么大家都喜欢买热门商品呢？因为这些商品能满足人们的从众心理。为什么大家都想买位于核心城市、核心地段的房子呢？因为这些地段有极大的升值空间。大学毕业后，为什么很多毕业生都会选择去北上广深等城市找工作呢？因为大家都知道这些城市有更多的发展机会。同样一个运营岗位，求职者当然是尽可能选择大公司而不是小公司。

人性都是慕强的，大家都更倾向于选择具有 IP 属性的人、公司、组织，因为其具有更多的资源和优势，能满足个人的需求。不管是个人 IP 还是品牌 IP，只要是具有影响力的人、事、物，就是舆论或资源的风向标，是大势所趋和潮流，是吸引人注意力的龙卷风。

这就是我们普通个体要尝试打造个人 IP 的原因，只要你能通过某些内容或行动吸引到用户的注意力，就有可能形成聚拢效应，积累起自己的流量资源，从而扬长避短，实现某种能力和资源的放大。

个人 IP 的流派

个人 IP 和武术一样，是有不同流派的，大致体现在内容上和变现方式上。比如，有的人先靠哗众取宠获取流量，再靠接广告赚钱；有的人先靠追热点表达观点，再直播带货；而有的人先靠输出某个专业领域的知识，再卖自己的知识付费产品。

个人 IP 的流派其实非常多，大致可分为博眼球型 IP、榜样型 IP、知识付费型 IP。这些个人 IP 可以以不同的表现形式出现在图文中或视频自媒体平台上。

（1）博眼球型 IP。

这类个人 IP 的特质是夸张、猎奇，通常输出一些普通人无法完成或不好意思输出的内容，其目的是满足观众的猎奇心理和凑热闹心理。现在有些人的生活很无聊，属于"上班不认真、下班没事干"的状态，当博眼球型 IP 出现在平台上的时候，恰巧能填补和打发这部分人的无聊时光。

人类的好奇心和吐槽欲是这类个人 IP 能够获得流量的主要原因。如果你在现实生活中是一个比较容易逗笑别人，或者善于讲段子、表现力极强的人，那么可以试试通过这种方式打造个人 IP。不好的地方在于，这类个人 IP 虽然能获得比较大的流量，但是由于获取流量的手段过于简单、粗暴，仅仅给观众提供了娱乐价值和情绪价值，所以这类个人 IP 的变现效率并不是很高，一般也只能通过接广告、直播打赏或直播带货的方式赚钱。况且这类个人 IP 需要极强的天赋，并非人人都能做。

（2）榜样型 IP。

很多事情我们是没办法做到的，原因要么是钱不够，要么是时间不够，要么是顾虑太多，而榜样型 IP 敢作敢为、时间自由。比如，你经常会在平台上看到这样的视频，一个 20 岁出头的年轻人辞掉大公司的高薪工作，选择成为一个自由职业者，既不用朝九晚五，又能获得比较高的收入，虽然你也想成为他，但是以你目前的状态根本实现不了，于是你把他当成自己的寄托和榜样。

又如，我经常在短视频平台上刷到一些以旅游为职业的人，他们可以一边做自己喜欢的事情，一边通过这些事情赚钱。有时候我也会想，要是我能像他们一样就好了，不用每天工作，也不用管理团队。每年临近冬天，我在短视频平台上还经常刷到关于滑雪的视频，那些滑雪爱好者摆出各种炫酷的动作，配上激昂的音乐，每次我都能看得热血沸腾。

榜样型 IP 输出的是一种普通人的向往，传递的是一种这个世界上正在有人过着你向往的生活理念。如果想打造个人 IP，不妨想一想，你在哪个方面能做到而很多人做不到。

（3）知识付费型 IP。

知识付费型 IP，其实指的就是某个领域的专家。基本上任何行业都可以用知识付费的方式再做一遍，本质上是找到那群想成为你的人。在知识付费的赛道上，只有你想不到的，没有做不到的，如养猪教程、成年人识字课、恋爱课、情商课、游戏课等。总的来说，万物皆可"课"，知识付费型 IP 是某个人在某个领域做出成绩的前提下，把经验总结成课程、训练营、私教等形式进行变现。

如果你在某个行业或领域积累了很多经验，就可以尝试把这些经验总结出来，卖给那些想要从事你这个行业的人，进而打造知识付费型 IP。

打造个人 IP 的底层逻辑

不管是传统的商业交易，还是如今的互联网交易，几乎都遵循 4 个过程：认识—认知—认可—认购。打造个人 IP，不管什么流派，都是如此。

首先是认识。

认识的言外之意就是让别人知道你是谁。在互联网不发达的时候，传统的线下门店开业，一般都会在开业的前后几天，通过发传单的方式让附近的人知道这个消息，而对于线下门店的租金，店家购买的其实是整条街的流量。如今，网络上出现了很多社交媒体平台，要想找到自己的潜在用户，让用户认识我们，方式有多种，如写文章、拍视频、做直播或付费投放。

你创作的文章或视频，就是用户认识你的工具，从本质上说，在互联网上进行内容分发，不管是免费内容还是付费广告，和传统的发传单没有任何区别，都是在求得一个和潜在用户接触的机会。

在传统商业中，"认识"靠的是发传单、树立招牌、进店体验。而打造个人 IP，"认识"靠的是某篇文章、某条视频或某场直播。

然后是认知。

打造个人 IP 还要让用户对你有一定的认知，即让对方知道你是做什么的，你在哪些方面是擅长的，你能提供什么样的价值或资源。比如，大家都知道李佳琦是直播带货的，我做自媒体是教个人成长和 IP 打造的等。

让用户积累对你的认知需要经过一个漫长的过程，你需要不断地生产内容，让自己有尽可能多的曝光机会。但是做到这一步并不能打造出一个个人 IP，因为你还需要得到这些用户的认可。

最重要的是认可。

认可的本质是信任，是长期积累的结果。比如，现在有两部价格相同的手机摆在你面前，一部是苹果手机，一部是从来没有听过的品牌，你会选哪一部手机呢？

毋庸置疑，我想绝大部分人都会选择苹果手机，因为我们对它有认知，并且信任这个品牌。换成个人 IP 也一样，一个个人

IP 能赚钱，一定是因为其得到了广大用户的信任和支持。网上经常会有一些网红或明星人设崩塌，本质上是因为他们消耗了粉丝的信任度，即便流量再大，一旦信任消失，这个 IP 也就丧失了变现的可能性。

任何一个自媒体 IP 之所以能成功，是因为其通过内容找到了那些认可他们的人。从某种程度上来说，你的铁杆粉丝都是认可你的人。

最后是认购。

认识、认知、认可都积累好之后，认购就是一件顺其自然的事情，这种交易建立在用户对 IP 的信任之上。从某些方面来说，大家所需要的"知识"和"干货"都是过剩的，收藏在手机里、电脑里的那些所谓的重要学习资料，我们真正看过或看完的没有多少，大部分都变成了电子垃圾。

这个时代，关于任何一项新技能，基本上都是可以通过搜索的方式，获取到大量成体系且免费的内容的，我们为什么还要花钱购买课程呢？我觉得一部分原因是存在信息差，另一部分原因是，用户通过购买某个人的课程这个契机，和这个人产生一定的接触和对话机会。

一个人思考问题和做事的方式，可以总结成经验写成一本书或制作成一门课程，但是他身上的能量或性格，是需要我们真实接触之后才能感受到的，这比干巴巴的知识要重要得多。

如何做一个能赚钱的知识 IP

要想做出一个能赚钱的知识 IP，大致有 3 步，分别是定位、持续输出内容、设计变现产品。

1. 定位

定位是打造个人 IP 的第一步，也就是你要告诉别人你是谁，你能提供什么样的价值。这需要从你的个人经验或优势中寻找。有人会说："我没有擅长的技能，怎么办？"其实这很正常，这恰恰是大部分普通人做自媒体 IP 的第一个拦路虎，因为很多人是没有积累的，自然无法写出或拍出用户感兴趣的内容。

但是当下不擅长并不代表未来不擅长，如果你想从事自媒体，就必须先找到一件自己感兴趣的事情，通过刻意练习让自己变得擅长。做很多事情，我们都需要站在巨人的肩膀上去学习和借鉴，一件你想做的事情，或许有人已经做成或正在做，找到目标，不断模仿即可。

另外，大部分新手在打造个人 IP 的时候通常会有一个误区，总害怕自己不专业而不敢表达。其实这是心态问题，正如一个初中生可以给小学生解答简单的数学问题一样，你只需要在某项技能上或某个行业里做到七八十分，就可以去教那些不及格的人，这就是所谓的"降维打击"。

2. 持续输出内容

很多人不知道的是，通过个人 IP 卖的第一个产品就是自己输出的内容，而用户花在你的内容上的注意力，就是他们需要付的第一笔"钱"。如果一个人对你的内容不感兴趣，也不愿意把注意力停留在你的内容上，那么他后续也不可能买你的产品。原因要么是他不是你的目标用户，要么是你的内容不值得他看。

毋庸置疑，信任是通过接收长期的内容输出积累起来的，具体的表现形式为点赞、收藏和转发。这就要求我们在打造个人 IP 时必须持续不断地输出内容。

输出的内容包含某个领域的专业知识和日常内容，我分别把它们叫作 IP 的专业标签和人格标签。前者可以体现你的专业性，后者能让用户在认可你专业性的前提下，全方位地了解你这个人，从而最大限度地对你产生信任。

（1）IP 的专业标签。

你在平台上输出的内容，必须能体现出你的专业性和权威性，需要让别人觉得你是这个领域里很有经验的专家。

我在公众号里经常会写一些关于打造自媒体 IP 的内容，如我做出了哪些账号、成绩怎么样等。其实写这些内容的目的是给自己贴标签，我用自己的成功案例告诉大家，我就是一个自媒体 IP 打造专家，我非常擅长打造能赚钱的自媒体 IP。包括我孵化的财经账号，科普投资知识，分析每天的市场行情等专业内容，都是为了体现自己的专业性。

所以持续输出内容，重要的是输出专业内容，通过内容获得别人的认可，让别人觉得你在这个领域是一个专家，你输出的专业内容，就是别人关注你的理由。

（2）IP 的人格标签。

打造个人 IP，讲究的是有血有肉，你需要让这个 IP 在读者或观众的眼里活起来，IP 是动态的，而不是静态的。所以除了输出专业内容，你还需要通过一些人物标签（输出人格内容），让这个 IP 形象更加丰满，让用户对你的印象更加深刻。

现在，同质化的 IP 越来越多，要想脱颖而出，就必须有"宁愿做榴梿，也不要做香蕉"的态度和决心，即在专业内容没问题的前提下，要尽可能做到有差异性，呈现出一种"别人有你也有，别人没有你还有"的状态。

真诚才是必杀技。打造个人 IP 需要做到足够的真实，这要求我们在打造个人 IP 的时候，不需要打造一个刻意完美的人设，太过完美往往会显得不真实，甚至会给人设崩塌埋下隐患。金无足赤，人无完人。每个人都是有优缺点的，偶尔暴露一些自己的缺点，反倒会让用户觉得彼此之间没有距离感。总之，不管是展示性格和兴趣，还是不刻意隐藏自己的缺点，大体上需要遵循的一个原则是，展示出来的内容要能帮助你积累信任，否则就不展示。

积累信任的关键点在于，打造个人 IP 的专业标签和人格标签。如果这两点做好了，那么整个 IP 的形象是非常丰满的。

3. 设计变现产品

如果想做知识 IP，你的经验是很值钱的，只要你在某个细分领域足够优秀，就可以把自己的经验分享给那些想成为你的人，给他们提供价值的同时，赚取收入。变现产品有课程、训练营、私教等。课程又分为音频课、视频课、线下课等，价格一般由低到高。

对于普通人来说，打造自媒体 IP，成为能独立赚钱的商业个体，或许是不错的出路。

你可以把自己积累了多年的知识和经验，分享在公众号、抖音、小红书、B 站等主流自媒体平台上，用自己创作的内容吸引那些对自己感兴趣的人。这些内容可以是观点表达，可以是自己的生活展示，也可以是某个行业专业知识。

总之，你可以用具有人格化的内容扩大影响力，不再依附于任何一个公司或组织，真正实现个体独立赚钱。

扫码回复：自媒体
领取《年入百万，自媒体 IP 赚钱秘籍》PDF 文件

第6章

探索模型，轻松创业

创业成功是小概率事件

创业，你不知道的做庄思维

创业者要有"匪气"傍身

自媒体时代，年赚千万的模型

创业成功是小概率事件

　　从刚毕业时的月薪 6000 元，到现在创业年入千万元，我用了七年时间去沉淀和积累。创业能否成功，取决于在什么样的地方，遇到什么样的人，然后做了什么样的事情。

　　深圳，是一座快速迭代的城市，每天都会有很多家新公司成立，也会有很多家公司面临倒闭。创业，本身就是一场勇敢者的游戏，成功就可以留下，失败就得离开，这是这座城市和创业者之间达成的默契。

　　放大样本来看，创业成功一直都是一个小概率事件，关乎你选择的赛道、时代的红利、进步的速度等。不过我认为，能让一个人创业成功的更重要的因素是，这个人身上所具备的稀缺品质。有些人天生就适合创业，适合当领导，适合带领员工开疆辟土；而有些人天生就适合听话照做，做执行层面的工作。

本节，就从我的视角聊一聊，在创业这场游戏里，一个人应具备哪些品质，才是适合创业当老板的。

目标感强，知道自己要什么

注定能做老板的人，大概率是一个有目标、有远见的人，他一定会预想自己未来 3 ~ 5 年是什么样的状态，他也清楚自己想成为谁。

上大学还没开始创业的时候，我就想成为学校里那些站在演讲台上做分享的学长，想像他们一样在校外创业，开一家能为自己赚学费和生活费的实体店。后来，慢慢接触自媒体后，我就想成为咪蒙那样的人，接一条广告能赚 60 万元。上班之后，我就想成为我老板那样的人，融资几千万元，做出一些对用户有用的产品。离职创业后，我就想像自媒体这个行业里的前辈一样，团队有两三个人，一年营收达到一千万元。

我认为有目标、有榜样、知道自己要什么，这非常重要。可实际上具备这种品质的人少之又少，很多人是在随大流，为了上班而上班，没有野心和对自己未来的规划。其实这也是环境和氛围带给自己的影响，你身边如果都是创业的人，你自然而然就会想变成他们。我很庆幸自己一路走来认识的都是一些创业的朋友，否则我根本不会受他们的影响在大学时就开始创业。

一个人之所以没有目标，就是因为身边的人都没有目标。所以要多和有目标的人交朋友，多和创业者在一起。要在事业上、赚钱上找到自己的榜样，这个榜样不能太遥不可及，只需要努力就能追赶上。

即便你现在成为不了年入千万的超级个体，或者成为不了像我一样的自媒体创业者，只要你有这个目标和野心，在正确的方向上行走，我相信总有一天，你也能成为一个靠自己就能独立赚到钱的商业自由人。

脑子灵活、有进取心，喜欢做有挑战的事情

创业是一件非常复杂的事情，非常考验创业者的综合素质，然而不少人习惯了在职场通过单一技能赚取收入，所以是不适合创业的。很多人只适合做简单的体力劳动，大家看似都在用电脑办公，实际上很多人做的都是"搬砖"的工作。只有那些脑子灵活，同一件事情能给出不同解决方案、备选方案，以及最坏结果的人，才是有潜力创业的人。

主动提出问题和解决问题，是一种非常重要的品质，很多人从来不会过度付出，甚至有时候会觉得过度付出是公司占了自己的便宜，他们认为只要把自己的事情做好就足够了。这本身没错，但这种思维对创业是没有任何帮助的。我经常和同事说，不要与那些把自己和公司放在敌对关系上的人交朋友，他们总有一种吃亏心态，总害怕付出，这样的思维对自身发展是没有帮助的。

在赚钱这件事上，没有主动性，没有进取心，就等于没有一切。有当老板潜质的人，都是遇到问题解决问题，从来不抱怨，他们喜欢挑战那些有难度的事情。我平时玩游戏，就不喜欢玩简单模式，总觉得没有挑战性，过程太顺利了感觉没劲，反而是经历过那种充满各种曲折和意外的过程，更能带给人成就感。

创业本身就是一场游戏，是一场不断打怪升级、不断解决问题获取金币的游戏。爱抱怨、爱逃避问题、习惯性责怪大环境，都不是一个创业者该有的特质。

深耕专研，具备工匠精神

想在一个行业里持续赚钱，不深耕专研，不具备工匠精神，是不太可能把事情做好的。在创业过程中，有时候要靠时间去堆积，只要大方向没有问题，成本不至于负担不了，你就要有一种这件事情我做不好，我就不去做别的事情的精神。缺乏专注，不要说创业成功了，做任何事情都不可能做出成绩。

自律自驱、独立思考

适合创业的人，一定是不允许自己有假期的，也不允许自己过度浪费时间。我的团队现在有五个正式项目合伙人，每个人的工作时间基本上都是从早上 10 点到晚上 12 点，周末可能就休息一天。他们每天都在学习、进步，不断提升自己的业务能力，一切时间都用在自我成长和赚钱上。

在业务还没有出现稳定收益之前，他们是绝对的工作狂，不会允许自己进行无效社交，他们拥有高度的自驱力和执行力，只为拿到自己想要的那个结果。

真正能创业的人，是不需要他人监督和鼓励的，对待工作是认真负责的。但凡你对待工作的态度像完成任务一样，那就不适合创业。

赚钱就是不断重复做一件小事

你所看到的那些知名 IP，比如 B 站百大 UP 主、抖音年赚千万元的超级个体，甚至公众号时代一直活跃到现在的 IP，之所以能一直赚钱，无一例外，他们一直在重复做一件很小的事情。写文章、拍视频、做直播、发朋友圈，十年如一日地重复。

之前读者让我推荐一些书，实际上我读过的书不算多。一本书是一个作者思想和经验的结晶，我把它们全部吸收之后，自己再表达出来。遇到好的书，我会重复看，看一遍不够，隔两个月继续翻出来看，如果觉得有启发，就会立马用起来。有些音频课程也是一样的，开车的时候听一遍不够，我还会反复听，甚至会直接把音频课程整理成文章反复看。

很多事情，不管是写文章、拍视频，还是做直播，其实只要不断重复，就会发现很多秘密。所谓书读百遍，其义自见。做任何一个赚钱项目都是这个道理。很多事情没有做出成绩，没有别的原因，就是因为做得太少，没有重复做。

现在的社会节奏太快了，特别是短视频一经发布，潜移默化地就消耗了大家的耐心，让很多人没办法静下心来长时间对一个人、一件事、一个项目投入精力。大家都想用最快的时间得到结果，但事实上这样不行，这就是很多人失败的原因。只要有耐心去重复做好每一件小事，就非常容易做出成绩。

重复意味着时间的投入，仔细想想你真的在赚钱这件事上投入时间了吗？实际上大部分人是没有的。美团王兴在社交平台上发过一句话：今天决定 12 点之前下班。看懂了吗？别人决定今天 12 点之前下班，就说明以前从来没有 12 点之前下过班。

我团队核心 IP 合伙人，没有人在晚上 12 点之前睡觉，有时候 12 点才下班。他们每天循环做几件事情：写文章、看同行文章、做直播、看同行直播。虽然不是人人都适合创业，但我觉得每一个人都应该创业，都应该找到并且做好心里真正想做的那件事，然后重复去做，这样一辈子才算没有白活。

人，至少得有一次自己说了算，找到自己真正想做的事情，然后重复、重复、再重复，在重复中实现自己的梦想。只要有目标，并朝着这个目标一直干，一直重复，一直摸索，都是会成功的。

我喜欢重复，喜欢重复到把所有的知识点都刻在脑子里，然后随时随地调用。我喜欢创业，喜欢过有掌控感的人生，希望大家也喜欢创业。

从一而终，认定了就埋头苦干

三心二意的人是很难成功的，也不适合创业。有些人做事情，就是三分钟热度。做了一段时间发现没有得到任何成绩，就怀疑是不是自己选错了项目。看到别人的项目做得不错，就想立马去做别人做的事情。但他不知道的是，别人的项目之所以能做起来，是离不开沉淀和积累的，甚至更多的是别人的从业基因。

华为的成功，是多年聚焦在通信行业的结果。很多千万级网红，是在电视台做幕后、在角落里积累了很多年，才慢慢成名的。就连我自己目前有限的影响力，也是积累了七年才从无名之辈被越来越多的人所熟知的。

我从毕业到现在，一直在做自媒体，从来没碰过其他行业，专注、从一而终的力量是巨大的。一般情况下，但凡你看准了一个项目或者方向，就不能经常换。行业里赚不到钱，只有两种情况，要么你干的时间不够长，要么你在混日子。

最后我想说，创业成功，始终是一个小概率事件，影响因素有很多，并不是拥有以上这些特质，就能够创业成功。如何把握时代，如何四两拨千斤，不仅是你，也是我一直在思考的命题。

创业，你不知道的做庄思维

有人问我，为什么要创业，我的回答是，想拥有对自己人生尽可能多的掌控感。

我从小就是一个比较叛逆的人，很多事情我都渴望自己说了算，我想掌控金钱、掌控一切。我不希望我的生活所需要的一切，都必须通过服务老板获得薪水来实现。我想要风，要想雨，想要这个美好世界的一切美好。所以这些年，我一直走在创业的路上，并且我坚定地认为，只有自己创业，才有可能得到自己想要的一切。

但是创业并非儿戏，并不是一件想做就能做成的事情。创业就是从无到有，再达到一个良好的状态，在这一过程中是需要方法论支撑的。正所谓行家一出手，就知有没有。一件事情发生的背后，实际上都是有理论依据的。理论指导我们的实践，同时实践又进一步修正我们的理论，如此这般，做事才能事半功倍。但凡不重视理论，我认为都是在走弯路。

为自己种下创业的种子

我一直都在倡导大家，身在职场的时候，一定要刻意积累、积累、再积累，等到有朝一日时机成熟，你必须不依赖任何公司或组织，靠自己独立赚钱。

在年轻的时候寻找机会和不断折腾很重要，特别是刚毕业的大学生，首选一定是一线城市，如北京、上海、深圳、杭州这些地方。不管你是刚毕业，还是已经工作了两三年的职场人，必须立马给自己种下一颗未来一定要独立创业的种子。

在这件事情上，你必须要敢想。你必须要明确地知道，你工作的目的是积累。当遇到一个新机会时，果断跳槽，降薪都没关系，一定要敢想敢拼，敢承担风险。况且，薪水方面其实并没有很大的差别，和未来的机会相比，这也根本称不上是风险。

你的所作所为一定要和普通人不一样，你做的每一件事都要有目的性，都要有一个指向性很强的目标。没有目的真的很可怕，因为你根本不知道做一件事是为了什么，这样整个人生就会过得很混沌。

在职场上工作了两年，薪水涨了五千元，不要觉得自己已经很厉害了。这个世界上厉害的人有很多，多去找优秀的同龄人，会发现自己的进步空间还很大。告诉自己，在这个丛林社会里，比自己会捕食的人还有很多，自己只是暂时能吃饱而已。

创业思想要先进

大概二三十年前，贵州人和浙江人是最早出门闯荡江湖的人。大家出生在本地，都是农民，没有资源，也都能吃苦耐劳，但因为理念上的不同，造就了这些地方的人的不同。

我是贵州人，小时候就看到很多村里的家长丢下正在上小学的孩子，跑到广东、福建等沿海城市打工，多数情况下都是进工厂。但是浙江人，特别是温州人，从来不进工厂，都是自己摆地摊做生意。一开始他们没有进工厂的人那么潇洒，每个月没有固定工资拿。

两者比较，前者图安稳，所以选择了进工厂打工；后者求自由，所以选择了摆摊创业。现在中国最会做生意的人，大多来自江浙一带，这是多年一直就有的"基因"。反过来看云贵川这边，很多人在外打工，年龄到了，只能回老家找个工作糊口。

这是我从小观察到的现象，更可悲的是，很多打工人的子女长大之后，大概率也会延续这种生存方式，依然是打工。而江浙一带那些早年就从商的人，他们的孩子多半会有不一样的发展。看似是两代人，但实际上把样本放大来看，这只是一代人的轮回而已。

所以我一直倡导大家要尝试自己创业，这个时代轻资产创业的方式有很多，并不是投资多少钱、开一家实体店，或者拿几千万元融资才叫创业。只要是独立赚钱，只要是自己做产品、自己吸引客户，就算摆摊卖煎饼果子，都叫创业。

创业一点儿都不可怕，只是一项经营的技能而已。这个世界上没有人天生就会创业，都是模仿出来的。如同没有人天生会打工一样，你现在在干什么，大多是因为你参考了某个人、某个群体之后的结果。

我在大学创业之前，一直是打工思维，去音乐机构当吉他老师。但打工久了就会发现，在学校的创业园里，他们整天在聊创业、聊规模，今天参加了创业比赛、明天拿了投资资金等。潜移默化地，我自己也创业了。并不是我有了创业能力才去创业，而是边创业边学。毕业后做自媒体也是一样，先从自由职业做起，一个月能独立赚几万元之后，开始研究怎么注册公司、怎么给员工发工资、怎么签合同等。

我现在连 PPT 怎么做都不擅长，直播销售能力也不强，但是并不妨碍我能借助别人的能力来让自己赚到钱。创业一开始，自己跑通一个业务，也就是"开荒"，开荒就等于有了自己的生产资料，有了属于自己的一块田地，然后可以请人来为你"种地"，你分给别人粮食。

现在做 IP 的很多人，自己"开荒"，自己"种地"，虽然收入全部是自己的，但他们中的很多人做得非常累。比如自己运营账号、自己研发产品、自己做直播、自己组织线下会等。而我的模式相对轻松，首先我有自己的一块良田，然后通过孵化 IP 的方式，找到靠谱的人合作，一起开垦出一块新的田地，一起分钱。

这就相当于你加入我的团队是来创业的，不是来打工的，我把我田地里的水导流给你，把现成的模式、肥料"嫁接"给你，让一个项目快速成长起来。这样一来，你能以创业者的角色加入，能得到很多策略上的支持，还能得到我现有的资源。

这时候，我能空出很多时间，不用亲自"打猎"，而是利用这些时间去思考更加契合时代的项目。金钱最大的价值，就是赋予我们掌控时间的权利。赚钱这件事一定是有模式的，而模式的背后，要尽可能让自己得到更多掌控时间的权利。

个体创业，必须要有做庄思维

七八年前，我还在上大学的时候，就知道一个人要赚到大钱，必须要有做庄思维。做庄是什么意思？就是牌是从你手中发出去的，规则是你定的，别人来遵守你的规则。上大学时，我在音乐培训机构兼职代课，一节课赚四十元钱，每个月能赚三千元左右，如果我请假，就赚不到这节课的钱。

现在我做自媒体公司，做 IP 孵化，做知识付费业务，只要筛选到我认为有潜力的人，几乎可以肯定他可以赚到钱。可能有人会问为什么，你凭什么有这个底气。我想说的是，我创业多年，已经积累了一定的生产资料，这是赚钱的原材料，在一个有潜力的人还没有牌的时候，作为一个资源分发者，可以让他走捷径上牌桌。

前提条件是，这个人要有实力接住这些牌，并且把这些牌打漂亮。至于合伙模式、分成比例、账号归属，由我制定规则，我说了算。所以创业成功，必须要有做庄思维，要有制定规则的底气。"不想当将军的士兵，不是好士兵"，这句话讲得非常通透。

我有过打工的阶段，那是为未来能自立山头做准备，我天生就是一个想当领头羊的人。辞职之后我做了一年的自由职业者，那时候接广告、做付费社群，一个月可以赚十多万元。我觉得做自媒体可能让我获益更多，那么我认定之后就去认真执行，靠的从来都是对自己的坚定信念。

当一项业务稳定后，我并没有放松，而是常常带着居安思危的心态，继续去寻找下一个增长点，继续开发新的项目，争取每年都能坐在不同的牌桌上当庄家。

创业者要有"匪气"傍身

胆怯、懦弱、害怕、社恐、犹豫、心软，这些都是阻碍一个人进步、阻挡一个人赚钱的绊脚石。虽然这本书并不适合所有人，但我想与你分享一个观点：如果想成为一个高价值的人，成为一个能掌控全局的人，就必须无时无刻提醒自己，要让自己变成一个充满信心的狠人。

想成为人上人，就必须发自内心相信自己，要经常自我暗示：我是最棒的，我可以更强，我可以改变命运。做任何事，面对任何人，不管对方多么强大，不管事情多么困难，首先忌讳的一点就是否定自己，觉得自己没有资格、配不上。

商场如战场，想要在商场上取得一定成绩，赚到尽可能多的钱，就必须拥有帝王将相般的做事品质和态度。从古至今都是如此，人和人最后拼的不是个人能力有多强，而是有没有雷厉风行的做事态度，有没有说做就做的勇气，有没有攻城略地的决心。

特别是创业者，气质和能量直接决定了团队能走多远。

我始终认为，想自己创业赚钱的人，还是需要一定的气魄傍身的。身上多少还要带点"匪气"，不能胆怯和害怕。创业者身上如果没有"匪气"，面对各种决策优柔寡断，等同于帝王将相不敢出兵打仗，其结果不是错失机会，就是被人斩于马下。

我经常跟读者说，空闲的时候多读历史，书看不下去没关系，看电视剧也能收获很多启发。《楚汉传奇》和《新三国》这两部电视剧，我从上大学的时候就开始看，几乎每年都会翻出来看一遍，每次都会有不一样的收获和感悟。

至于为什么要看历史，因为一切事物的发展都是符合规律的，历史反映出的规律就是人性的规律。你会发现一个现象，历史上那些白手起家、真正能成就一番事业的人，他们与别人的不同之处在于，他们身上有常人没有的"匪气"。正所谓乱世出英雄，能创业成功的人从来不是等闲之辈，他们的骨子里都有一种敢想敢做、天不怕地不怕的气魄。

刘邦身上就带着典型的"匪气"。要说谋略，刘邦不如军师张良；要说运营，刘邦没有萧何强；带兵打仗，韩信才是一把手。他们的能力都比刘邦强，为什么大汉天下却是刘邦的？就是因为刘邦有帝王心态，有"匪气"、有魄力、有格局、有野心，有使命和愿景。这些品质都是他个人独有的，他是主心骨，所有人都在他的规则下做事。

我想表达的是，我是一名"草根"出身的创业者，得到的机会是靠自己争取来的。我的很多读者，绝大部分人也都是"草根"出身。咱们想白手起家，就必须培养自己的帝王心态。不要怕丢面子，不要怕输，要狠，要自信，要自我暗示：我一定能成。

古往今来，皆是如此。

自媒体时代，年赚千万的模型

　　不管你现在是职场人士，还是自由职业者，抑或是正在创业的创业者，我都想跟你说一句话，赚钱其实是很简单的。但是简单并不等于容易，想让赚钱变得简单，前期靠努力和聚焦、靠做正确的事情，到后期就必须靠团队、靠模式。

　　我们都听说过：想要赚到人生第一个一百万元，可能需要三五年，甚至更久。但当你迈过这个坎，赚到人生的第一个一千万元，也许只需要一年时间。按照我的经验，其核心就是你要开始做团队化运营了，比如针对每一个业务板块组建各自的团队，相比于单打独斗的个人运营，这会更加专业化和垂直化。

　　我最开始自己做个人品牌，每年服务广告主和付费学员，但始终没办法突破收入的天花板，这让我很苦恼，直到我开始改变运营策略，有针对性地筛选和培养了更多 IP 合伙人，启动了更多业务方向，才让我团队的年营收突破了一千万元。

回过头再看，赚钱这件事真的是四两拨千斤，是需要模型来做支撑的。

"中央集权制"的创业模式过时了

我和不少创业者聊天后发现，很多中小老板还在用几千年前秦始皇创造的模式来管理团队，也就是"中央集权制"的创业模式。简单来说，就是老板自己当领头羊，解决团队资金、资源、人才等问题，团队分为几个部门，如市场部、营销部、产品部、人力资源部等，每个部门配备一个项目经理，老板下发任务给经理，经理再层层分发，最终把结果汇报给老板。老板用自己的资源，带着这些部门在打仗，指挥几个部门的行动。

在我看来，这种模式有些过时了，随着业务的发展，看似公司规模在不断扩大，实际最后算账时会发现，利润没赚到多少。

很多创业者喜欢表面上的数据。比如，一些做跨境电商或者直播带货的公司，数据很漂亮，但是算上退货率、核销率、毛利率，最后到手的利润可能刚够团队的运营支出，典型的"雷声大雨点小"。我认为这种模式，在现在的互联网环境下，只能让老板不停内耗，其实最大的问题在于用人模式。

"重赏之下必有勇夫"。如果一个员工每个月只能领固定工资，你却指望他为你创造最大利润，这是不太现实的。同时，大家的自由意识越来越强，特别是"90 后""00 后"。很多有能力的人，会借用老板的平台积累自己的资源，准备有朝一日自立门户。

所以，很多创业者采用的这种"中央集权制"的管理模式，其实是"想让马儿跑，又不让马儿吃饱"，这样是吸引不到优秀人才的。想要解决这个问题，破局的办法就是：第一，要学会把钱分出去；第二，要让员工从工作中收获价值感，要让他们觉得做这件事情是为自己而做。

用市场经济做自媒体流量生意

我的赚钱模式是什么呢？其实非常简单，就是市场经济的管理模式。比如，我现在孵化 IP 合伙人，我需要他们自由发挥，只要和我同步，尽可能不出错就行。而我的角色是站在背后制定规则，搭建游戏体系，是一个参谋长，是众多 IP 合伙人背后的男人。

我会先给他们分一块市场，给钱、给资源，这就是他们在新手村的装备。自己拿去玩，玩输了算我的，玩赢了你分我一点股份就行。你要人，我给你找人，你要流量，我有现成的流量可以给你；你要设计产品，研究转化率，我可以在短时间内教会你。

有人说流量终究有限，但实际上，对于如何获取互联网流量，我们是很擅长的。不管是获取免费流量，还是获取付费流量，对我们来说都是不难的事情。你在你的市场站稳脚跟，你就是自己的王。我不会指挥你，你保证能达到每个月的利润水准即可。

在我这里创业，最终的目的就是分田地，为自己干活。我不用管理他们，因为他们是在为自己的未来付出，他们会自我管理。与此同时，他们之间还会形成资源、技术互通，甚至是利益互通。

从此团队就会自行运转，他们相互沟通、协调、不再需要我安排他们的工作。我只需要每个月把线上线下 IP 合伙人聚在一起，同步信息、规划目标、调整细节，剩下的时间就各自干活。我只服务 IP 合伙人，从不参与普通员工的管理。

不管是 IP 操盘手，还是私域操盘手，只要想一起创业，就要先通过我的付费门槛，其次利用公司的资源做项目，只要账号运营起来就一起分钱，运营不起来我也不管，总之大家自负盈亏。

我们做的是轻创业，这种模式只要执行起来，你会发现所有人的工作积极性都会很高。因为经过筛选的人，他们面对工作时的态度和普通职场人是不一样的，他们搏的是未来的大机会，要的是工作赋予他们的成就感。

长期主义、有格局、有野心，这才是筛选人才的最佳标准。自驱力、韧性、智慧，在什么情况下才能发挥到最大，那一定是为了事业，为了前途。

虽然我的团队现在规模非常小，但是考虑到时间、利润、人效等因素，我们是相对舒服的。我的工作时间变少了，但是业绩比我之前单打独斗的时候要高出好几倍。

赚钱，需要模式。这也是后来我读经济学才明白的，原来很多企业、创业公司采用的，都是计划经济的管理模式。而现在我采用的，属于市场经济的管理模式。很多创业者，如果把这个思想用到团队管理模式上，我想也会是通用的。

这是我的思考。

写在最后：永远靠自己

我越来越意识到，20 岁到 30 岁是我们绝大部分普通人最重要的 10 年。很多习惯、价值观、重要决策等，基本上都是在这个阶段形成或做出的，如选择一份什么样的工作、混一个什么样的圈子、选择和谁结婚等。

虽然也有所谓的大器晚成，但我认为其前提是有积累和沉淀，否则它就是失败者的借口和缓兵之计。张爱玲在《传奇》中说："人要在年轻的时候为自己的理想奋斗，建功立业，不然在时代的变迁下，有生之年你都不会成名。"

我们在人生中最重要的 10 年里，必须意识到时间就是我们最大的成本。可是现实呢，大部分人都在过着拖延的生活，觉得自己还很年轻，还有大把时间可以浪费，把今天要做的事情推到明天去做，明天要做的事情又推到后天去做。他们也觉得很多机会和结果到了一定的年纪自然而然会到来，但殊不知在没有任何积累的前提下，机会不会到来，结果也不可能到来。

直到 30 岁才发现，青春转瞬即逝，也就这么短短几年，所谓的三十而立变得可笑又滑稽。那些鸡汤文里说的年轻人拥有无限的可能，现实中自己却一直都在过着从来没有进步和沉淀的生活。

在有限的时间里做正确的事和决策，必将影响我们的一生。虽然我们每个人所处的位置并不相同，也不是什么事情是这辈子非做不可的，我也并不觉得那些所谓的人生建议可以让一个人少走多少弯路，但我还是想试图写一些能引起大家重视和自我反思的感悟。

以下，是我对读者的忠告，更是对自己的提醒。

1. 拥有能适应时代的核心技能

我一直倡导的是，一定要拥有在摆脱组织之后，还能实现个体独立赚钱的能力。即便没有，也应该找到自己的擅长之处，让自己与众不同。物以稀为贵，当你所掌握的技能会的人越少，你自然就会越值钱。

同时我们需要意识到，所谓的掌握技能并不代表能永久"通吃"。比如，你现在是一家互联网公司技术岗位的核心人才，依然会面临年龄所带来的危机，居安思危，建立自己下一个阶段的人生壁垒和护城河，就显得尤为重要。

这个世界的变化是非常快的，今天流行的可能过不了多久便成为明日黄花。不管是科技革命还是互联网浪潮，它们都在不断地给世界洗牌，没有一个行业可以一直赢下去。

曾经，网店颠覆了线下实体店的命运，打车平台抢走了出租车司机们的生意；如今，大家都在看短视频和直播，很少有人还会每天守着电视机看节目。就连今天的互联网巨头，也时刻保持危机感，随时面临被沦为传统企业的风险。企业如此，更何况是普通人。三十年河东，三十年河西。不管现在的你有多优秀，时代的进程中一定有淘汰你的方式。

虽然很多行业的底层能力和技能都可以相互复用，但当真到行业变革的那一刻，很多人还是会出现"水土不服"的情况。比如，写作算是一项永久的核心技能，但是那些曾经在报纸、杂志上有过突出成绩的作者，在互联网上进行图文创作时会明显感觉不适应；而曾经在图文自媒体时代大放异彩的人，到了短视频时代却销声匿迹了。

不同的行业周期对人才有着不同的需求，现在早已不是"一招鲜吃遍天"的时代，我们唯有顺应时代，做出相应的改变，才能避免自己被淘汰。

我们终其一生都是学生。

2. 投资自己

很多人自从毕业就从来没有投资过自己，这是一件非常可怕的事。"人是不可能赚到自己认知范围以外的钱的"，这句话在互联网上被传播得非常广泛。

要想突破自己的认知，最简单和最高效的方式就是花钱买高手的经验，比如，我每年会拿出 10 万～ 20 万元来投资自己，买各种课程，加入各种付费圈子。虽然这么做短期内无法给自己带来一定的回报，但是从长期来看，一定会使我受到比自己优秀的人和圈子的影响。

事实上，通过这几年对自己的投资，我基本上也获得了 10 倍甚至 100 倍的回报。投资任何事物都不如投资自己，当你愿意花钱买时间的时候，你的时间会越来越值钱，同时你也能获得更多超出自己预期的回报。所以，当你赚到钱的时候，没必要老老实实地把钱全部存入银行赚利息，而应该拿出一部分钱，让它产生更大价值。

当然，单方面投资自己并不能解决问题，更重要的是为自己找到实践的机会。钱只是一个杠杆，可以帮助自己撬动更多的机会，千万不要指望它能给你带来确定性的回报，通过投资自己获得回报是一个概率性事件，这是一个成年人该有的共识。

3. 机会的到来，可能是从被利用开始的

世界一直遵循等价交换原则，我们都应该正视一个事实，当有一天你被别人利用的时候，这并非一件坏事，它恰巧说明你有可利用的价值。当有越来越多的人利用你的时候，你会得到一些意想不到的机会。

千万不要固执地把"利用"当作一个贬义词，有时候你吃的一个小亏，或许能给自己带来大机会。不管是在生活中还是在工作中，我们总能遇到一些看似精明的人，他们的精明之处在于从来不会让自己吃亏，但事实上他们往往会"聪明反被聪明误"。而有些人表面上被别人占了便宜，实际上才是真正有智慧的人。

愿意吃小亏的人，往往能占到大便宜；而喜欢占小便宜的人，往往都会吃大亏。

4. 关于投资理财

作为一个在股市里亏过钱的人，我想简单聊一聊自己对股市的看法，希望能尽可能让你看清金融市场投资赚钱的真相。

说到底，任何行业都是在"拿捏"人性，有些从来没接触过股票的人，当看到别人在朋友圈发个收益截图时，便以为现在是股市赚钱的好时机，跟风去投资，但往往会掉入投资的陷阱。

有人说："牛市是散户亏钱的重要原因。"我觉得这句话说

得实在是太对了。加仓最好的时机是在牛市开始的时候，其他时间我们都得小心谨慎。当股票在高位时，我们不仅不应该继续加仓，还应该适当减仓。绝大部分的散户因为在这个时间节点继续加仓，最后被市场割了"韭菜"。

任何时候都不要把自己当成"股神"。牛市之下，我们参与的只不过是一个"见者有份"的游戏而已。千万记得见好就收，膨胀不得，更不能借钱加杠杆买股票，做出非常愚蠢的投资行为。

当你有意识去重仓的时候，股票已经基本达到了最高点位，哪怕是一次跌停，就足以让你把前面赚的钱都损失掉。玩股票输掉一些钱对有钱人来说没什么太大的影响，但对普通散户来说可能是致命的打击。

赚钱本来已经很难了，如果非要在股市中投机取巧，那么结果大概率会是"肉包子打狗——有去无回"。

5. 阅读和学习是一个人最重要的"元技能"

经常听到有人抱怨：太迷茫了，赚钱越来越难。为此，很多人想做出改变，但根本不知道做些什么。实际上对于这个问题，我一直都保持一个观点：当你越感到迷茫、越不知道做什么的时候，越应该把阅读和学习放在第一位。

不管你身处哪个行业，阅读和学习都是最重要的"元技能"，你可以通过低成本的阅读获取很多内容。那些有阅读和写作习惯的，没有一个不从中获益。

作为一个草根，我从一无所有到慢慢积累起自己的财富，在这个过程中我逐渐明白，要想让自己在这个时代占有一席之地，就必须从打工者的角色里脱离出来，并有意识地去打造自己的行业影响力。

在没有找到一个在睡觉的时候都能持续赚到钱的方法之前，你只能一直工作。你想要的答案其实书里面都有，只不过是你懒得去思考和行动罢了。

指导一个人成事的法则，往往都是那些人们脱口而出的朴实道理，如好好学习、天天向上，做就好了，要有耐心。

6. 我们生来都是孤独的

我很喜欢电影《千与千寻》，它让我意识到：人生就是一列开往坟墓的列车，路途上会有很多站，很难有人可以自始至终陪着你走完，你会看到来来往往、上上下下的人。如果幸运，会有人陪你走过一段，当这个人要下车的时候，即使不舍，也该心存感激，并挥手道别。因为说不定下一站，会有另外一个人陪你走得更远。

有得必有失，有远必有近，甚至有"亲"必有"仇"，在处理人际关系时，我们都应遵循这样的逻辑。曾经无话不谈的朋友，因为所处行业、圈子、城市的不同，逐渐变得陌生，逐渐无话可说。这其实并不奇怪，也没必要觉得惋惜，你和当下最好的朋友，有一天也会形同陌路，这是符合人际关系发展规律的。

7. 健康最重要

一些互联网公司的高管、技术人员猝死的消息，无时无刻不在警示我们，无论什么时候，健康都是最重要的。有些人前半生用命换钱，到了后半生却在用钱买命，他们无法游览祖国的大好河山、体会不到正常人的快乐，这是一件多么令人惋惜的事。

现在，互联网从业者中有很大一部分人处于亚健康状态，待在空调房里，既晒不到太阳，又缺乏运动，自然而然就会有很多潜在的疾病。虽然运动并不能保证一个人始终处于健康状态，但适当的运动对人的身体是有积极作用的。

3 年前我养成了跑步的习惯，有一次去医院体检，在做心电图的时候，医生冷不丁地问我"是不是经常锻炼"。我确实经常锻炼，保持着每周跑步三五次的习惯。

8. 永远都要靠自己

随着年龄的增长，你会发现不管是在生活中还是在工作中，都必须拥有独立面对问题和解决问题的能力，因为除了自己，没有人是靠得住的。有时候我们的父母也没有办法帮助我们解决问题。

我们一直生活在一个遵循丛林法则的社会里，社会是非常残酷且现实的，你和别人之所以有关系，是因为你身上有他想要的利益。

我们要想真正实现立足，就不能完全依靠别人。一旦你做事完全依靠别人，当利益消失的时候，最终对方还有可能反过来伤害你。

强者都善于承受孤独和寂寞，如果你没有靠山，就把自己变成山。

9.10 年后你会是什么样子

10 年前，我完全没有想过 10 年后的自己是什么样子。从在农村出生、长大，到有机会在大城市扎根，身处一个自己喜欢的行业，经营着一家小而美的公司，这一路走来我经历了太多。

每个人的起跑线都不一样，但是最终选择成为一个什么样的人，一定是自己说了算。如果未来想让自己变得更加优秀，那么你必须沉下心来积累自己的经验，否则你的能力会随着年龄的增长不断下降。

时代给我们开了一扇可以改变命运的窗，抱怨是解决不了任何问题的。我命由我不由天，当你意识到这一点且愿意去改变的时候，主动权就会掌握在你的手里。

10 年后，我 38 岁，那时候的自己，是选择继续留在大城市，还是选择回到小地方过安稳的生活；是有一群志同道合的朋友，还是每日需要为生活奔波；是继续热爱写作，还是成为一个追求利益的商人。

其实那些都不重要，重要的只有当下，我完成了这本书的创作，依然会继续在自媒体这个行业里保持学习和沉淀。

人生永远都需要靠自己，10 年后你会是什么样子，不妨现在就设想一下吧。

这本书是我对于自己 10 年成长经验的总结和思考。感谢在我感到迷茫的时候无意中给我指明方向的陈励；感谢在我创业过程中扶我一把的"冷焰"；感谢爸妈多年的养育之恩，是你们给了我生命，让我体验这个缤纷的世界。

同时也要感谢各位读者对我的支持，感谢我在成长路上遇到的每一个人，是你们的帮助造就了今天的我。

这本书不是结束，而是另一个新的开始，咱们下一本书见。

再见。